工程结构加固薄层拔出法现场检测抗压强度技术

卜良桃　王伍生　侯　琦　著

中国建筑工业出版社

图书在版编目（CIP）数据

工程结构加固薄层拔出法现场检测抗压强度技术/
卜良桃，王伍生，侯琦著．—北京：中国建筑工业出
版社，2017.3
　ISBN 978-7-112-20475-5

　Ⅰ.①工…　Ⅱ.①卜…②王…③侯…　Ⅲ.①工程结
构-加固-抗压强度-检测　Ⅳ.①TU746.3

中国版本图书馆 CIP 数据核字（2017）第 037240 号

　　本书是根据《拔出法检测水泥砂浆和纤维水泥砂浆强度技术规程》CECS
389—2014 编写的技术指南。全书分为 6 章，书中首先介绍了拔出法检测技术的
发展概况和进展，然后分别介绍了拔出法检测砌体结构水泥砂浆加固薄层强度、
先装拔出法检测混凝土基层纤维水泥砂浆加固薄层强度、后装拔出法检测混凝土
基层纤维水泥砂浆加固薄层强度 3 种检测技术，并对拔出法检测纤维水泥砂浆破
坏形态及影响因素进行了分析，最后根据工程实际应用情况撰写了拔出法检测水
泥砂浆和纤维水泥砂浆抗压强度算例。

　　本书内容丰富，脉络清晰，其目的是为了帮助广大读者熟悉规范的理论基础，
了解规范编制的过程和工程应用方法。本书可供建筑结构检测鉴定的检测人员、
研究人员和高校土建专业师生阅读，对建筑工程质量检测和监督管理人员也有很
大的帮助。

责任编辑：王华月　范业庶
责任设计：谷有稷
责任校对：王宇枢　李美娜

工程结构加固薄层拔出法现场检测抗压强度技术
卜良桃　王伍生　侯　琦　著
*
中国建筑工业出版社出版、发行（北京海淀三里河路 9 号）
各地新华书店、建筑书店经销
唐山龙达图文制作有限公司制版
廊坊市海涛印刷有限公司印刷
*
开本：787×1092 毫米　1/16　印张：8¾　字数：208 千字
2017 年 6 月第一版　　2017 年 6 月第一次印刷
定价：**29.00** 元
ISBN 978-7-112-20475-5
（29938）

前　言

根据中国工程建设标准化协会《关于印发〈2010 年第一批工程建设协会标准制订、修订计划〉的通知》（建标协字［2010］27 号）的要求，由湖南大学等单位编制的《拔出法检测水泥砂浆和纤维水泥砂浆强度技术规程》，经中国工程建设标准化协会建筑物鉴定与加固专业委员会组织审查，已批准发布，编号为 CECS 389—2014，自 2015 年 5 月 1 日起施行。

《拔出法检测水泥砂浆和纤维水泥砂浆强度技术规程》CECS 389—2014 主要内容有：拔出法检测水泥砂浆和纤维水泥砂浆强度的基本规定、拔出法检测装置、先装拔出检测技术、后装拔出检测技术、水泥砂浆和纤维水泥砂浆强度换算及推定、建立测强曲线的基本要求等。

本书是对拔出法检测水泥砂浆和纤维水泥砂浆强度技术理论分析的详细说明，是对《拔出法检测水泥砂浆和纤维水泥砂浆强度技术规程》CECS 389—2014 正文及其条文说明的进一步扩展。

本书由卜良桃、王伍生、侯琦著，书中包含了研究生李静媛、陈送送、何瑶、王宇晗、侯琦、张欢、刘德成的研究成果，周云鹏编排和校对了全部书稿。本书还结合了标准编制团队的试验研究成果，在此，谨向规范编制组各位专家致以衷心的感谢！

书中不妥与疏漏之处在所难免，敬请读者拨冗指正，必以空杯之心，虚怀以纳之。书中有部分案例是作者在工程实践中对标准研究成果的应用总结，对标准的公式作了验证，供读者参考借鉴。

目　　录

第1章 绪 论

1.1 工程结构加固薄层拔出法检测技术的背景

纵观人类工程建设史，砌体结构、混凝土结构已是一种常见的结构类型，而混凝土结构真正投入使用仅有百余年的历史。虽然如此，混凝土结构却已发展成为当今世界上用途最广，用量最大的建筑结构形式[1-2]。与其他结构形式相比，砌体结构、混凝土结构具有：就地取材、节约钢材、耐久、耐火、可模性好的优点；但它们也具有下述主要缺点：自重大、抗裂性差、性质脆。且结构在使用过程中，由于设计和施工的缺陷以及使用过程中的老化破坏，加上自然灾害造成的结构承载力不足、开裂等一系列耐久性问题，会严重影响建筑物的正常使用，甚至危害人民的财产安全。

随着我国土木建设工程的不断发展，越来越多的建筑物和构筑物已经进入或即将进入老龄化阶段，结构加固修补已成为我国乃至世界建筑业一个新的发展热点。据有关部门统计，自新中国成立以来，特别是改革开放以来，我国便迎来了一个建筑业的高峰期，各种房屋建筑、隧道、桥梁、道路以及城市基础设施像雨后春笋，大量涌现。我国目前现存各种建筑的总面积估计在 100 亿 m² 以上，砌体结构混凝土结构占绝大多数，而且其中有50％以上的建筑已经投入使用超过 20 年。因此，结构的老化病害问题已经是摆在我国建筑业面前一个不容忽视的问题，这些建筑由于各种原因很多存在安全隐患，需要对其进行安全排查，问题严重则需加固修补。

高性能复合砂浆钢筋网加固方法作为一种新型加固方法由湖南大学尚守平、黄政宇、卜良桃等教授所研究开发，目前已广泛地应用于工程中，并取得了满意的效果[3-6]。高性能复合砂浆钢筋网加固法是在结构构件表面绑扎钢筋网，用抗剪锚钉作为锚固，以增加阻力，再用纤维水泥砂浆覆盖在构件表面，使其共同工作，从而提高结构承载力的一种加固方法。纤维水泥砂浆还起到一定的保护作用，能够减缓里层混凝土或砌体的碳化。在实际中应用比较广泛的加固用纤维水泥材料主要包括：聚丙烯纤维水泥砂浆、聚乙烯醇纤维水泥砂浆、钢纤维水泥砂浆等[7-9]。

随着加固工程越来越多，国家对于工程质量的管控力度也越来越大，对加固效果进行准确评估已成为加固领域中的一个重要课题，寻找一种准确度较高、操作简便易行的检测方法，并在此基础上建立起相应的技术操作规程和标准成为了一项刻不容缓的工作。但目前国内尚没有可靠的检测方法及标准来检验实际加固工程中砂浆薄层的强度。

鉴于混凝土与水泥砂浆这两种材料具有很大的相似性，笔者考虑参考混凝土抗压强度现场检测的方法，如回弹法、超声法、钻芯法、超声回弹综合法、拔出法等[10]，从中选择一种适合于砂浆薄层强度检测的方法进行试验研究。

上述各种检测方法各有各的优点，但都存在着不足。回弹法操作简单，不容易引起结构损伤，速度较快，费用也低，但回弹法仅仅是一种经验数据总结，与材料本身强度无关，实际操作中由于各方面影响如：回弹仪与测试面不垂直、测试面表面不平整等，易引起误差，精度较低，而且一般情况下，回弹法仅仅考虑了混凝土表面碳化对回弹值的影响，而其他方面对回弹值的影响并未纳入考虑，如混凝土早期龄期碳化的影响等，所有这些导致使用回弹法检测混凝土强度精度偏低，效果不理想。所以在一些西方国家的检测规范中已经规定：回弹法只能作为一种辅助手段来进行强度推定，且目前也没有专门用于检测纤维水泥砂浆强度的回弹仪。相比较而言，钻芯法作为一种精度最高、最为可靠的混凝土强度检测方法，却也由于其自身的一些缺点而不适合用于纤维水泥砂浆的强度检测，因为钻芯法要求钻入混凝土结构超过 10cm，对结构构件会造成较大的损坏，因此钻芯法在布置测点时就要受到很多限制，不能将测点过多地布置在结构的受力区和一些薄弱环节，同时试验时间长、成本较高，同样不适用于加固用纤维水泥砂浆强度的检测。正是由于纤维水泥砂浆材料成分的组成与加固用纤维水泥砂浆加固薄层状况的特殊性，上述两种混凝土抗压强度的检测方法并不能直接应用于纤维水泥砂浆的现场检测中。综合考虑，采用拔出法检测纤维水泥砂浆抗压强度不仅较为符合加固用纤维水泥砂浆现场检测实际，且较回弹法更为精确，能够较准确地测定加固用纤维水泥砂浆的实际强度，操作简便，对构件的表面破坏性小。

1.2 纤维水泥砂浆加固概述

1.2.1 纤维水泥砂浆钢筋网加固原理

纤维水泥砂浆钢筋网加固法是指先对待加固的结构构件进行表面凿毛处理，然后在构件的表面植入抗剪销钉、绑扎钢筋网，最后分两次涂抹纤维水泥砂浆，总厚度 25～40mm，使原结构与加固层复合共同受力，大大提高原结构的承载力及韧性的一种加固方法[11]。这与增大截面加固法的工作原理是一样的，即通过在结构构件表面配置钢筋，以此增强原结构的强度和刚度等其他力学性能。不一样的地方是：增大截面法顾名思义是增大构件的截面来增加结构的承载力，既然依靠增大截面来增加承载力则其截面增大的尺寸就应该很大，这就对房屋的外观和空间产生较大的影响，相反纤维水泥砂浆钢筋网加固法对结构构件截面增大很小，不会影响房屋的使用。

纤维水泥砂浆加固法除以上优点之外，还有很多其他优点：纤维水泥砂浆与抗剪销钉以及钢筋网能够与原结构很好地结合在一起，共同承受外力作用；且整个加固过程施工工艺简单，由于纤维水泥砂浆有很好的和易性，使得其可用于多种结构形式和结构构件中[12]。

1.2.2 发展概述

目前使用广泛的混凝土类材料，主要包括混凝土和水泥砂浆。但由于这类材料的一些原始缺陷，使得其具有抗拉强度低、韧性小等弱点，影响了该类材料的使用范围。现代复合材料技术的实验研究表明，在混凝土中加入一定量的短纤维[13-14]，能够很大程度地增强其抗拉强度和韧性。此类材料的工作机理为：由于纤维的限制作用，使得材料在承受荷载的过程中，在水泥基体和纤维之间产生应力重分布，因此水泥基体产生裂缝较少，且纤维对于裂缝的发展也起到一定的限制作用，从而大大提高了原基体的强度和韧性。

在 1000 多年以前，人类就开始在建筑工程中应用纤维。当时的人们主要是把一些纤维素纤维经过简单的处理就用于砌筑工程中。例如把秸秆折断掺入黏土中做成黏土砖用来建造房屋等，把马、羊、牛等动物的鬃毛掺入石膏、石灰中使得物品的开裂现象大为减少。可见在无机胶凝材料中掺加纤维以增强材料的力学性能古已有之，不是现代人的独创，这也为纤维水泥砂浆钢筋网加固法提供了重要依据。

1879 年，人们开始在水泥中掺入石棉纤维，石棉纤维的掺入使得水泥的性能得到很大的提高，因此很快这种石棉纤维水泥便推广开来；但由于石棉这种材料在被人吸入后会引起很多呼吸系统疾病，甚至会致癌，严重危害人类健康，所以目前很多国家已经在规范和法律中限制使用，虽然如此，但这也很大地促进了"纤维水泥"的开发与应用。

1910 年，H. F. Porter 发表了一份关于纤维增强类混凝土的报告。同时"钢纤维混凝土"的概念首次出现在人们的眼前。在之后的几年里，西方的一些国家的专家学者对于钢纤维混凝土进行了一系列深入的研究，推动了纤维混凝土的发展。

1963 年，J. P. Romualdi 和 J. B. Batson 两位学者发表了"关于纤维混凝土增强理论研究报告"，提出了纤维间距理论，从此，纤维在混凝土中的应用研究发展速度快了起来[15]。

在 20 世纪 80 年代中期，Swamy 提出了将钢筋网水泥用于建筑工程的修复维护工程[16-17]；

Hoff 等人在道路、桥梁的加固工程的试验中，掺入钢纤维，明显增强了路面的承载力，以及抗裂性能[18-20]；

到 2011 年，Tuğçe Sevil 等通过大量试验得出：在加固砌体时，可在水泥砂浆掺入钢纤维，且钢纤维体积分数为 2%[21]。

至于另外几种纤维，例如聚乙烯醇纤维和聚丙烯纤维在水泥中的应用则是从 20 世纪90 年代开始的，而且由于其低廉的价格，目前其研究应用比较广泛。最早提出在水泥中掺加聚乙烯醇纤维的是美国密歇根大学教授 Victor C. Li。他在读博的过程中对聚乙烯醇纤维水泥砂浆进行了基础理论研究[22]，他的研究主要从纤维的弹性模量出发：纤维在水泥之中受到应力作用会被拉伸，这种拉伸更有利于纤维强度的利用[23]；并从微观力学层面出发，得出不同长度及截面积的纤维对于其与水泥之间的粘结强度是不同的，他们之间存在一个最佳的比例关系[24]。

随着现代建筑业的发展，我国对于建筑领域的研究也越来越重视，在材料领域对纤维水泥方面的研究也越来越多。

关于纤维水泥砂浆（主要是指聚乙烯醇纤维与聚丙烯纤维），林水东等人进行了一系列的研究，其研究重点主要在于如何利用纤维来限制水泥砂浆在凝结过程中因塑性收缩产生的裂缝。试验研究表明：在纤维长度一致的情况下，纤维对于水泥砂浆抗裂性能的提高主要跟以下因素有关：纤维的掺入量、纤维的截面尺寸、纤维的种类等，纤维长度越长则对于水泥砂浆抗裂性能提高越显著，若太短则对于裂缝的产生与发展无明显的限制作用；纤维掺量较小时，随着纤维掺量的增加，水泥砂浆的抗裂性会有很明显的提高，但掺量到达 0.9kg/m³ 后，则纤维掺量的影响就会大大减弱；同时聚丙烯纤维对于水泥砂浆抗裂性的增加效果要优于聚乙烯醇纤维[25]。

北京工业大学教授邓宗才等也参与了关于纤维水泥砂浆等一系列研究，其研究重点主要是针对聚乙烯醇纤维，通过对不同聚乙烯醇纤维掺量的混凝土试块进行冲击试验，指出掺入聚乙烯醇纤维的混凝土韧性以及抗冲击性能有了较为显著的提高，其主要是因为聚乙烯醇纤维的掺入使得水泥基底的粘结强度大大提高，从而使得混凝土的延性得以改善[26]。

聂建国等人的研究主要是集中在纤维水泥砂浆钢筋网加固效果方面，通过对加固过的混凝土梁进行一系列试验，来研究纤维水泥砂浆钢筋网加固对于加固构件抗弯以及抗剪性能的影响。通过试验我们可以看出：纤维水泥砂浆钢筋网加固法能明显提高加固构件的强度和刚度，同时对于加固构件在使用过程中因各种外力作用产生的裂缝有较好限制作用，提高了加固构件的耐久性[27]。

相比于其他纤维种类来说，将聚丙烯纤维掺入水泥砂浆用于加固工程领域是最早投入研究的，（湖南大学相关团队）制作混凝土梁、柱构件，利用聚丙烯纤维水泥砂浆对其进行加固处理，通过荷载施加装置对加固构件施加压力，以检验其加固效果[28-31]。从加固构件在试验中的表现可以看出：其加固效果还是很显著的，能使加固构件的极限承载力得到较大幅度提高，并能很好地提高构件的韧性[32-34]。

其他纤维种类用于钢筋网水泥加固技术目前尚处于研究阶段，工程实际应用较少。

1.2.3 技术特点

随着建筑加固领域的兴起，作为一种新型建筑结构加固补强方法——纤维水泥砂浆钢筋网加固法的应用也越来越广泛。纤维水泥砂浆加固法是指在构件表面绑扎钢筋网或者钢丝网，在其表面涂抹纤维水泥砂浆，通过钢筋网与原构件构成一个整体，使其共同工作整体受力，在加固砂浆薄层的保护下，构件的承载力和耐久性得到提高。在构件表面布置钢筋实质是一种体外配筋方法，这样使得原构件的配筋率得到提高，从而相应提高了结构构件的强度和刚度，这很类似于加大截面加固法，但与增大截面法不同的是纤维水泥砂浆钢筋网加固法加固时对于截面增大并不明显，只有 25～40mm，因此对房屋的使用空间以及对结构的外观影响不是很大。与其他加固方法如粘贴碳纤维、粘贴钢板等相比，纤维水泥砂浆钢筋网加固法具有明显的优势[35]：

（1）施工简便，施工效率较高，对于施工机具要求简单，现场也无需设置固定设施。

（2）耐腐蚀性能及耐久性能俱佳。试验和实践证明，加固薄层对于原构件表面能起到很好的保护作用，基本能抵抗一般情况下建筑物受到的各种外界作用。

（3）适用面广。纤维水泥砂浆钢筋网加固法修补混凝土结构可广泛适用于各种结构类型（如建筑物、构筑物、桥梁、隧道、涵洞等）、各种结构形状（如矩形、圆形、曲面结构等）、各种结构部位（如梁、板、柱、节点、拱、壳等）的加固修补。

（4）施工可靠度高，质量有保证。即使加固构件的结构表面有破损不是非常平整，也可以起到很好的固定作用，且对原构件表面起到一定的保护作用。

（5）对结构尺寸和外观影响较小。纤维水泥砂浆钢筋网加固薄层，一般只有 25～40mm 左右，不显著增加原结构尺寸，不影响原结构的外观和使用。

（6）价格低廉。纤维水泥砂浆钢筋网加固法所用材料主要是水泥和砂子，纤维掺量很少，其综合单价相比其他加固方法如粘贴碳纤维加固法，只有其 1/10～1/5。

（7）具有较强的防火性能。作为一种无机胶凝材料，纤维水泥砂浆钢筋网，其本身属于不燃物，耐火极限以及耐高温性能均高于碳纤维加固法。

1.3 非破损检测技术的形成

1.3.1 结构检测概况

1. 国外概况

早在 20 世纪 30 年代初，人们就已经开始探索和研究混凝土非破损检测方法，并获得迅速的发展[36-37]。1930 年首先出现了表面压痕法。1935 年格里姆（G. Grimet）、艾德（J. M. Ide）把共振法用于测量混凝土的弹性模量。1948 年施密特（E. Schmid）研制成功回弹仪。1949 年加拿大的莱斯利（Leslie）和奇斯曼（Cheesman）、英国的琼斯（R. Johns）等运用超声脉冲进行混凝土检测获得成功。接着，琼斯又使用放射性同位素进行混凝土密实度和强度检测，这些研究为混凝土无损检测技术奠定了基础。随后，许多国家也相继开展了这方面的研究，如苏联、罗马尼亚的弗格瓦洛提出用声速、回弹法综合评估混凝土强度的方法，为混凝土无损检测技术开通了多因素综合分析的新途径。20 世纪 80 年代声发射技术被引入混凝土无损检测体系，吕施（H. Rusch）、格林（A. Tgreen）等人先后研究了混凝土的发射特性，为声发射技术在混凝土结构中的应用打下了基础。此外，无损检测的另一个分支——钻芯法、拔出法、射击法等半破损法也得到了发展，从而形成了一个比较完整的混凝土无损检测方法体系。

随着混凝土无损检测方法日臻完善，许多国家开始了这类检测方法的标准工作，如美国、英国均已颁布或正准备颁布有关标准，其中以 ASTM 所颁布的有关标准最多，这些标准有《硬化混凝土射入阻力标准检验方法》C823—82、《结构混凝土抽样与检验标准方法》C823—83、《混凝土超声脉冲速度标准试验方法》C597—83、《硬化混凝土回弹标准法》C805—85、《就地灌注圆柱试样抗压强度标准试验方法》C873—85、《硬化混凝土拔出强度试验方法》C900—87《成熟度估算混凝土强度的方法》C1074—87 等。此外，国际标准组织也先后提出了回弹法、超声法、钻芯法、拔出法等相应的标准草案。这些工作对结构混凝土非破损检测的应用起了良好促进作用。

2. 国内概况

我国在无损检测领域的研究工作始于 20 世纪 50 年代，从瑞士、英国等国引进回弹仪和超声仪，并结合实际工程开展了许多研究工作。20 世纪 60 年代初开始自行批量生产回弹仪，并研制成功了多种规格的超声仪，在检测方法方面也取得了多项进展。20 世纪 70 年代中期相继完成了回弹法、超声法、回弹—超声综合法等课题的研究，并在工程检测中推广应用。20 世纪 80 年代初，随着科学技术的发展，无损检测技术也突破了原有的范畴，涌现出一批新的测试方法，包括钻芯法、拔出法、射钉法等局部破损方法和微波吸收、雷达扫描、红外热谱、脉冲回波等新技术；而且测试内容由强度推定、内部缺陷探测等扩展到更广泛的范畴，其功能由事后质量检测，发展到事前的质量回馈控制。同时，与检测技术相适应的检测仪的研制与生产工作也发展很快，不少性能较好、自动化程度较高的仪器设备被广泛采用，快速处理数据的微机系统也逐渐被开发利用。

半个世纪以来，我国的结构检测技术经历了从无到有、从单项到全面、从局部构件到整体结构的发展过程。特别是最近 20 多年，结构的检测技术得到快速的发展，其应用对象已从开始阶段的单层破旧民居扩展到建设工程中的各类结构。关于混凝土强度的检测已有回弹法、超声法、钻芯法、拔出法等，以及由上述基本方法组合而成的超声回弹综合法、钻芯回弹综合法等。在我国的《混凝土结构工程施工质量验收规范》中明确规定"凡对混凝土试件强度代表性有怀疑时，可采用非破损试验方法或从结构、构件中钻取芯样的方法，按有关标准规定，对结构构件中混凝土强度进行推定，作为是否应进行处理的依据。"较为成熟的混凝土强度和缺陷检测方法也已经有了全国性的检测技术规程，如：《回弹法检测混凝土抗压强度技术规程》JGJ/T 23[38]、《超声回弹综合法检测混凝土强度技术规程》CECS 02、《钻芯法检测混凝土强度技术规程》CECS 03、《后装拔出法检测混凝土强度技术规程》CECS 69、《超声法检测混凝土缺陷技术规程》CECS 21。

除上述这些规程外，冶金、水利和交通等部门也编制了本行业的标准，一些省市还编写了适应当地材料特点的地方规程。混凝土强度的检测技术已基本成熟，成熟的标志在于测试理论的完善和测试仪器性能的提高，如："回弹值→碳化深度→强度"关系，反映了回弹值与混凝土强度之间的基本规律。在混凝土强度的检测方面，我国与经济发达国家已没有明显的差距。

综上所述，混凝土无损检测技术的发展虽然时快时慢，但由于工程建设的需要，它始终具有很大的发展空间，因而许多国家都将其标准化，成为法定的检测手段之一。可以预料，随着科学技术的发展和工程建设规模的不断扩大，无损检测技术具有广阔的发展前景。

1.3.2 无损检测常用方法的分类和特点

现场检测混凝土的方法有部分破损法和非破损法。前者包括钻芯法、拔出法和射钉法等，后者包括回弹法、超声法和超声回弹综合法等。混凝土无损检测技术是指在不破坏混凝土结构构件条件下，在混凝土结构构件原位上对混凝土结构构件的混凝土强度和缺陷进行直接定量检测的技术。混凝土强度非破损检测技术是应用电子学、物理学为基础的测试仪器，直接在材料试件或结构物上，无破损地测量材料的力学性能以及与结构质量有关的物理量，以此来确定或评价材料的非弹性性质、均匀性与密度、强度以及性能变化过程的一种新型的测试方法。无损检测技术还包括钻芯、拔出、射钉等局部破损的检测方法。实践表明，运用非破损检测技术评价工程混凝土质量，是衡量一个国家工程质量检验和技术管理水平高低的标志。在我国当前，非破损技术研究材料性能是迎头赶上世界先进水平所必需的。非破损检测技术在混凝土施工质量控制和事故处理以及老建筑物鉴定等方面具有常规混凝土标准试块破坏试验所无法比拟的优点，它已经成为混凝土测试技术体系的重要分支，且属于建筑工程测试技术领域的重要研究方向。

对于混凝土非破损检测方法的分类，在国际上主要有以下两种分法：一是按检测的目的可分为两大类：一类是混凝土强度检测方法，另一类是混凝土内部缺陷等强度以外的检测方法；二是按检测原理可分为：物理方法和化学方法。

1.3.3 应用比较广泛的无损检测方法

（1）回弹法

回弹法是一种非破损检测方法，也是现场检测混凝土强度最常见的方法。利用回弹仪检测普通混凝土结构构件抗压强度的方法简称回弹法。回弹法是用回弹仪测定混凝土表面硬度来推定混凝土强度的，由于混凝土强度不同，其回弹硬度也随之变化。因为所用回弹仪是瑞士工程师施密特于1948年发明的，所以也叫施密特锤法。该试验方法非常简便，许多国家都制定了试验标准和推荐性测强曲线。我国自20世纪50年代中期开始采用回弹法测定现场混凝土抗压强度。20世纪60年代初，我国开始自行生产回弹仪，并开始推广应用。1978年，国家建委将混凝土无损检测技术研究列入了建筑科学发展计划，并组成了以陕西省建筑科学研究设计院为组长单位的全国性的协作研究组。

我国现在是基于混凝土表面硬度与抗压强度的相关关系并考虑表面碳化因素影响而制定的回弹测强统一曲线。但是此方法受混凝土表层质量的影响，因而难以精确推定混凝土的内部强度。回弹值大小反映了与冲击能量有关的回弹能量，而回弹能量反映了混凝土表层硬度与混凝土抗压强度之间的函数关系，反过来说，混凝土强度是以回弹值 R 为变量的函数。

回弹法没有一个明晰的理论公式，由于测强曲线的制作条件与实际工程存在差距、碳化深度现场测量存在的偏差以及各地材料、施工水平参差不齐等原因，对于一项具体的工程，不同的检测单位同样采用回弹法检测的混凝土强度或同一个检测单位采用回弹法选择不同的测强曲线检测混凝土强度，得到的结果往往不尽相同。此外，因为声波在不同密度和不同弹性模量的混凝土内传播速度也不同，所以根据波速与混凝土强度的相关关系来推定混凝土的强度得到的结果与实际结合较差。由国内外二十几年的研究表明：超声波速度与混凝土强度的相关性不是很高，所以用这种方法测定强度时，将受到一定的限制。

（2）超声脉冲法

混凝土超声检测是混凝土非破损检测技术中的一个重要方面。用声学的方法检测结构混凝土可以追溯到20世纪30年代，那时以锤击作为振源，测量声波在混凝土中的传播速度，粗略地判断混凝土质量。目前所采用的这种超声脉冲法始于20世纪40年代后期。20世纪40年代末50年代初，加拿大、德国、英国和美国的学者相继进行了简单的模拟试验，当时由于受仪器灵敏度低、分辨率差的限制，加上混凝土超声检测的影响因素尚未弄清楚，因此难以普遍用于工程实测。自20世纪70年代末期以来，随着电子技术的发展，混凝土质量超声检测技术发展很快。检测仪器发展到智能化的多功能型；测量参数由单一的声速发展到声速、波幅和频率等多参数；缺陷检测范围由单一的大空洞或浅裂缝检测发展到多种性质的缺陷检测；缺陷的判定由大致定性发展到半定量或定量的程度。不少国家已将超声脉冲法检测混凝土缺陷的内容列于结构混凝土质量检测标准。目前，超声脉冲检测技术已成为检测工程结构质量的重要手段之一。

我国自20世纪50年代开始研究这一技术，经过半个多世纪的发展，已取得丰硕成果。1990年颁布了《超声法检测混凝土缺陷技术规程》CECS 21—90，使这项检测技术实现规范化，更有利于推广应用。该规程实施以来，在消除工程隐患、确保工程质量、加快工程进度等方面取得了显著的社会经济效益。根据该规程的实施现状及我国建设工程质量控制和检验的实际需要，1999年对该规程进行了修订和补充，并由中国工程建设标准化协会批准为《超声法检测混凝土缺陷技术规程》CECS 21—2000。修订后的规程吸收了国内外超声检测设备最新成果和检测技术最新经验，使其适应范围更宽，检测精度更高，可操作性更好，更有利于超声法检测技术的推广应用。

混凝土超声波检测技术的基本原理是用人工的方法在被测混凝土结构中激发出一定频率的弹性波，然后以各种不同的频率在材料或结构内部传播并通过仪器接收，再通过分析研究所接收的信号，就可以了解材料与结构的力学特性和缺陷分布情况。信号中包含了传播的时间（或速度），振幅和频率等。和其他的均匀介质不同，混凝土是一种弹—黏—塑性体，各项之间有较大的声阻抗差异并存在许多声学界面，所以超声波在其中传播（即透射）时会有较强的反射、散射、吸收和波形畸变等一系列声学现象。对不同的物质形态，其声学现象具有不同的特点，由于超声脉冲波传播速度的快慢，与混凝土的密实度有直接关系，当有空洞或裂缝存在时便破坏了混凝土的整体性，超声脉冲波只能绕过空洞或裂缝传播到接收换能器，因此传播的路程增大，测得的声时必然偏大或声速降低；由于空气的声阻抗率远小于混凝土的声阻抗率，脉冲波在混凝土中传播时，遇到蜂窝、空洞或裂缝等缺陷，便在缺陷界面发生反射和散射，声能被衰减，其中频率较高的成分衰减得更快，因此接收信号的波幅明显降低，频率明显减小（后者频率谱中的高频成分明显减小）；再者经缺陷反射或绕射缺陷传播的脉冲信号与直达波信号之间存在声程和相位差，叠加后互相干扰，致使接收信号的波形发生畸变。所以说信号仿佛是混凝土内部特性信息的载体，将混凝土内部的材料性质、缺陷、结构等信息传递到物体表面。将接收信号中所携带的信息提取出来，进行反演分析，这就是超声波检测缺陷的全过程。用超声波检测混凝土缺陷时，声时、振幅和频率等超声参量就是我们所要提取的信息，因这些信息的变化与混凝土的密实度、均匀性和局部缺陷的状况有密切的关系，用上述的超声参量作为判断混凝土质量的依据。

从上述分析中可知，通过试验建立混凝土超声波声速与混凝土强度的相关关系，它是一种经验公式，与混凝土强度等级、混凝土成分、试验数量等因素有关，混凝土中超声声速与混凝土强度之间通常呈非线性关系，在一定强度范围内也可采用线性关系。但是，混凝土内超声声速传播速度受许多因素影响，如原材料的影响、配合比的影响、成型工艺的影响、养护方法的影响、龄期的影响、碳化的影响、含水率的影响、混凝土内钢筋配置的影响等，这些影响因素如不经修正都会影响检测误差大小问题，建立超声检测混凝土强度曲线时应加以综合考虑影响因素的修正。超声法的实验结果能较好地反映整个结构的质量，测试工作有较好的灵活性，在同一部位可进行多次重复测试。但是，超声法要求有两个相对的可测面，测试数据受耦合条件和钢筋影响较明显，要求有较高专业素养的技术人员进行检测工作。

（3）超声回弹综合法

该法是同时利用超声法和回弹法对混凝土同一测区进行检测的方法。超声回弹综合法通过混凝土抗压强度与混凝土超声波传播速度和表面回弹之间存在的统计相关关系，来检验建筑结构和构筑物中的普通混凝土抗压强度。超声回弹综合法是综合法中经实践检验的一种成熟可行的方法。它兼有超声法和回弹法的优点，同时还具有测试精度高的优点。例如龄期增长，混凝土表面碳化，使回弹值增大，而混凝土内部出现的许多微裂缝又使声速值减小；相反，超声法的声速值是取决于整个断面的动弹性，主要以其密实性来反映混凝土强度，这种方法可以较敏感地反映出混凝土的密实性、混凝土内骨料组成以及骨料种类。此外，超声法检测强度较高的混凝土时，声速随强度变化而不敏感，由此粗略剖析可见，超声回弹综合法可以利用超声声速与回弹值两个参数检测混凝土强度，弥补了单一方法在较高强度区或在较低强度区各自的不足。但是超声回弹也有一定的局限性，一是要求结构有两个相对的可测面，测试数据受耦合条件和钢筋影响较明显，要求有较高专业素养的技术人员进行测试工作；二是需要考虑配合比或碳化深度的影响。

（4）电磁感应法

电磁感应法是人工向混凝土构件发射脉冲电磁波并对其内部的金属物（如钢筋）产生电磁感应作用，从而使该金属物产生感应电流，于是在其周围形成二次电磁场，通过专业仪器观测感应电磁场的变化或异常即可确定混凝土内部钢筋的位置和埋深（即保护层厚度）。现场施测首先选定待测混凝土构件，并在该构件上确定测试面，然后使探针轴线平行于设计钢筋走向并从混凝土测试面的边部或任意一点在垂直探针轴线的方向上移动探针来测定钢筋位置和保护层厚度。如果混凝土内分布有主筋和箍筋时应分别测定，首先圈定主筋（或箍筋）的位置和展布情况，然后在两个相邻箍筋（或主筋）的中间部位顺其走向进行测试，即可精确测定主筋（或箍筋）的位置和保护层厚度。

1.3.4 应用比较广泛的半破损检测方法

半破损法是以不影响结构或构件的承载力为前提，在结构或构件上直接进行局部破坏性试验，或直接钻取芯样进行破坏性试验，然后根据实验值与结构混凝土标准强度的相关关系，换算成标准强度换算值，并据此推算出强度标准值或特征强度。属于这种方法的有钻芯法、拔出法、射钉法等。

（1）钻芯法

钻芯法是利用专用钻芯机从被检测的结构或构件上直接钻取圆柱形的混凝土芯样，通过芯样抗压强度直接推定结构构件的强度或缺陷，是较为直观可靠的检测混凝土强度或观察混凝土内部质量的局部半破损现场检测方法。在已建混凝土结构上钻取芯样进行抗压强度试验是目前直观检验构件内部状况和强度评定的最好方法。芯样试件在进行抗压强度试验后，常被用作化学分析和物理性能分析的样品，如水泥成分，还可以用作混凝土密度、吸水性样品，以及用劈裂法间接试验测定混凝土抗拉强度及变形特征等。钻芯法为许多国家所采用，俄罗斯、美国、英国、日本、法国等都制定了各自的标准，国际标准化组织也提出了相应国际标准草案（ISO/D IS7034）。我国从 20 世纪 80 年代开始，对钻芯法钻取芯样检测混凝土强度开展了广泛研究，目前我国已广泛应用并能配套生产供应钻芯机、人造金刚石薄壁钻头、切割机及其他配套机具，钻机和钻头规格可达十几种。1988 年颁布了《钻芯样法测定结构混凝土抗压强度技术规程》YBJ 209—86，中国工程建设标准化协会发布了《钻芯法检测混凝土强度技术规程》CECS 03—88。钻芯法除用以检测混凝土强度外，还可通过钻取芯样方法检测结构混凝土受冻、火灾损伤深度、裂缝深度以及混凝土接缝、分层、离析、孔洞等缺陷。

钻芯法在原位上检测混凝土强度与缺陷是其他无损检测方法不可取代的一种有效方法。但是钻芯法虽然是一种可靠的也是被广泛接受认可的检测强度的方法，但是同样有自身的局限性，比如关于芯样直径的选择：英国、美国以及中国的标准规定是 $D=100mm$ 或 $D=150mm$，澳大利亚规定是 $D=75mm$。2006 年修订的《钻芯法检测混凝土强度技术规程》中也提出了混凝土抗压试验的芯样试件可以采用小直径芯样，但其直径应为 $70\sim75mm$，且不得小于骨料最大粒径的 2 倍的观点。100mm 直径芯样，适用于最大粒径不超过 25mm；75mm 直径芯样，适用于骨料粒径小于 20mm 的混凝土构件。芯样直径的选择，还受到芯样试件长度的变化影响。芯样高度为直径的 $0.95\sim2$ 倍，一般宜采用 1 倍。因此，国内外都主张把钻芯法与其他无损检测方法结合使用，一方面利用无损检测方法检测混凝土均匀性，以减少钻芯数量，另一方面又利用钻芯法来校正其他方法的检测结果，以提高检测的可靠性。

（2）拔出法

拔出法是一种新型的微破损检测技术，它将预埋在或者后装在混凝土中的特殊锚固件拔出，测出极限拔出力，利用已建立的极限拔出力和混凝土强度间的相关关系，推定被测混凝土结构构件的混凝土强度的方法。拔出法一般分为两种：一种是预埋拔出法；另一种是后装拔出法。这种方法在国际上已有五十余年历史，预埋拔出法是指预先将锚固件埋入混凝土中的拔出法，它适用于成批的、连续生产的混凝土结构构件，按施工程序要求，按预定检测目的预先预埋好锚固件。后装拔出法指混凝土硬化后，在现场混凝土结构上后装锚固件进行拉拔试验的方法。前者在国外应用较多，国内则以后装拔出法为主，特别适用于已建混凝土结构的检测试验。

两种拔出方法均存在不足之处：预埋拔出法需在浇筑混凝土前将预埋件埋设在预定位置，因此无法随时随地对结构混凝土进行现场检测；后装拔出法虽可在混凝土具有一定强度时随时随地进行检测，但用切槽机在已钻的孔内壁切槽时，若遇较硬粗骨料，切除的环形沟槽完整性差、尺寸偏差较大且槽内混凝土损伤较为严重。因而测试结果离散性较大，操作难度大。

（3）射钉法

射钉法检测混凝土强度是通过精确控制的动力将一支特制的钢钉射入预检测的混凝土中，根据贯入阻力大小来推定混凝土的强度。由于被测试的混凝土在射钉的冲击作用下产生综合压缩、拉伸、剪切和摩擦等复杂应力状态，要在理论上建立贯入阻力与混凝土强度的相关关系是很困难的。但基本原理可以理解为发射枪对准混凝土表面发射子弹，弹内火药燃烧释放出来的能量推动钢钉高速进入混凝土中，一部分能量消耗于钢钉与混凝土之间的摩擦，另一部分能量由于混凝土受挤压，破碎而被消耗，子弹爆发的初始动能被全部吸收，因而阻止了钢钉的回弹作用。如果发射枪引发的子弹初始动能是固定的，钢钉的尺寸形状不变，则钢钉贯入混凝土中的深度取决于混凝土的力学性质。因此测量钢钉外露部分的长度即可确定混凝土的贯入阻力。通过试验，建立贯入阻力与混凝土强度的经验关系式，现场检测时则根据已建立的相关关系式推定混凝土的实际强度。该方法主要受子弹药量、钢钉尺寸以及发射枪与骨料直径的影响。钢钉尺寸均匀性良好，对混凝土贯入阻力不致产生显著性影响，试件龄期和发射枪对射钉外露长度有显著性影响，而骨料最大粒径的影响不明显。

其他无损检测技术还包括冲击回波法、雷达法、红外成像等多种无损检测方法，随着科学研究的不断深入以及技术的不断进步，越来越多的检测技术会逐步从试验室阶段走向实际工程当中。

1.4 拔出法概述

先装拔出法即预埋拔出法，是一种混凝土强度检测方法，是在浇筑混凝土结构之前把螺栓等预埋件预先埋设在模板上，或在混凝土终凝之前将螺栓等预埋件埋设在混凝土表面，待混凝土结硬后，通过拔出仪拔出锚固件，根据测得的拔出力的大小来推定被拔试件混凝土强度的一种方法。该试验方法费用低廉，操作简单方便，适用范围很广，除了一些强度等级特别低的混凝土外都可适用，是混凝土质量现场控制的一种非常有效的手段。

先装拔出在许多欧美国家已经得到了广泛的应用。在丹麦，先装拔出法作为一种混凝土强度检测方法来现场推定混凝土强度，已经得到较为广泛的应用。但这种方法在国内的工程中却很少见，国内的技术人员并不愿意在浇筑混凝土的同时还要埋设螺栓，不愿花费精力在施工过程中进行质量控制，施工质量的过程控制是我国工程施工中的一大软肋。

1.4.1 拔出法国外状况

丹麦学者 Kierkegaard-Hansen，Petersen 的研究表明，混凝土的拔出力与其抗压强度之间是一种近似线性的相关关系[39]。拔出法于 20 世纪 30 年代产生，但直到 20 世纪 70 年代才得到了较快的发展，之后多个国家都开始对这种测强方法投入了研究，直至 20 世纪 80 年代，拔出法开始作为一种标准的试验方法在一些欧美国家投入使用。拔出法按照预埋件的埋置顺序的不同可以按先装和后装分类，其中先装拔出法（预埋拔出法）以国际上著名的 LOK 试验为代表，后装拔出法则是以 CAOP 试验作为代表。

1. 20 世纪 30 年代

苏联的科学家 Perfilieffc 首先对拔出法进行了探索，不过他仅仅简单在混凝土中埋入一根直径 12mm 的钢筋，就开始进行拔出试验，因为埋置深度太浅，结果只是将钢筋从混凝土中拔出，钢筋与混凝土之间只是发生了界面滑动破坏，而混凝土本身并未发生破坏。针对 Perfilieffc 试验的不足，I. V. Volf 和 O. A. Ggershberg 同时对试验所用模型进行改进，他们分析 Perfilieffc 试验之所以会失败是因为钢筋与混凝土之间的锚固力不足，因此他们将直钢筋杆的端部设计成凸起形式，这样就增加了钢筋杆与混凝土之间的锚固力，就不会发生 Perfilieffc 试验这种情况，待混凝土结硬后进行拔出试验，试验得到了一个混凝土锥形混凝土块体。不过 Volf 试验也有其不足之处，其所用的混凝土强度等级不超过 10MPa，他最终得到的拔出力与混凝土抗压强度之间的关系为 $K = P/R_e = 9.5$，并指出 K 对其平均值的最大偏离为 9%，这说明他的试验方法有比较高的精确度。Volf 的试验就是先装拔出法的雏形。

1938 年，B. G. SKramtajew[40] 在总结 Volf 的先装拔出法时就提出了后装拔出法的思想：在待测点上钻取一个孔洞，然后把 Volf 锚杆埋入孔洞，再用高强砂浆灌缝，待凝结完全后拔出锚杆。他同时指出必须要保证砂浆和锚杆之间的粘结强度，保证试验可以拔出一个锥形的混凝土块体。

2. 20 世纪 40 年代

美国人 Bailey Tremper[41] 按照不同的水灰比和不同的粗骨料分组制作混凝土试件，对其进行大量的先装拔出试验，对试验结果进行对比分析后发现：拔出试验的变异系数为 9.6%，与之相应的立方体抗压强度试验的变异系数为 8.4%，可见这两种试验的精确度相差无几。

3. 20 世纪 70 年代

直到 20 世纪 70 年代，在 Kierkegaard-Hansen、Petersen、Malhotra、Richardsc[42-43] 等的推动下，拔出法检测混凝土强度试验又重新进入了一个春天，焕发出新的活力。

最早将其作为一种混凝土强度标准测试方法的是丹麦的土木电力协会，基于此构想，国际上著名的 LOK 试验就应运而生，Kierkegaard-Hansen 制作了一个直径 25mm 埋深也是 25mm 的圆盘作为锚固件。他通过不断的努力，通过对不同直径的锚固件进行先装拔出试验，得到了破坏面的面积与测得拔出力成反比的现象，Kierkegaard-Hansen 通过分析得出结论：这种破坏面的面积减小而拔出力增大的现象是破坏面上应力分布产生变化的结果，暗含试验的破坏机理已经由拉坏向压坏转变。Kierkegaard-Hansen 最终选定的反力支承内径为 55mm。

ACI 成员 Malhotrac[44] 通过选用差不多是 LOK 试验两倍尺寸的圆盘进行了两次先装拔出法的试验研究，Malhotrac 对不同强度等级的混凝土试件进行拔出试验，试验验证如下：不同强度等级的混凝土的抗拔与抗压强度之比是不同的，且试验同时验证混凝土的龄期对该比值影响很小。在进行了第一次试验之后，Malhotrac 又进行了第二次试验，此次试验他建立了混凝土抗拔强度与混凝土抗压强度以及其他指标之间的回归关系，Malhotrac 分析抗拔与抗剪之间在某些方面具有惊人的一致性，他同时认为混凝土抗拔试验同样适用于抗剪试验，可作为一种检测混凝土抗剪强度方法。

在以上三人研究的基础上，美国土木协会制订了拔出法测试规程 ASTM C900。

4. 20 世纪 80 年代

这一时期众多学者开始对拔出试验过程中混凝土的破坏机理进行了广泛的研究和讨论[45-49]。

北欧三国丹麦、瑞典、挪威三国所采用的试验过程大致是一样的，而且 NORD TEST 也就是 NTBU ILD211，在芬兰也通用。这些技术标准的制定，标志着先装拔出法测强研究进入成熟期。

5. 20 世纪 90 年代

1996 年，W. Fprice 和 J. P. Hynes 对高强混凝土进行拔出试验，得到了 35～105MPa 的混凝土抗压强度和拔出力之间的回归关系，与普通混凝土的回归曲线进行对比发现：拔出法测普通混凝土抗压强度回归曲线的斜率大于高强混凝土，这说明试验拔出力对高强混凝土的抗压强度变化影响较普通混凝土小，究其原因，他们认为高强混凝土的灰类组分的含量稍大，使得灰类骨料的粘结更好，受力时骨料开裂从而改变了拔出试验的破坏机理。

1.4.2　拔出法国内现状

拔出法在我国起步较晚，从 20 世纪 80 年代开始国内众多科研单位才开始对拔出法进行研究，取得了一系列成果。

（1）哈尔滨建筑工程学院（现哈尔滨工业大学）、北京市建筑工程总公司等单位承接了关于指定混凝土后装拔出法检测强度的课题，通过对不同强度等级的混凝土试块进行拔出试验，制订了我国首部利用后装拔出法来检测混凝土强度的技术规程 CECS 69：94[50-51]，并根据国外拔出设备原型研制出一整套后装拔出仪。

（2）铁道部研究成果：

1）1985 年，铁道部参照国际上著名的 LOK 试验和 CAPO 试验，根据国内实际研制出的 TYL-I 型混凝土拔出试验仪，改进成了 TYL-II 型拔出仪，具有数字显示功能，其测试性能甚至已经超过了 LOKTEST。

2）探讨拔出法的破坏机理。最终得出：混凝土试件在拔出力的作用下的破坏是由压应力和剪应力二者组合而成的拉应力所引起的。

（3）中建一局科研所从 1987 年就开展拔出法的相关研究，开发出了一套精度较高的电动拔出仪，同时对拔出力的影响因素进行了全面的分析。

（4）目前国内在拔出法检测混凝土强度理论方面主要做了以下工作：

福建省建筑科学研究院通过大量实验制定了福建省地方标准《后装拔出法检测混凝土强度技术规程》[52]。

东北林业大学陶红燕在她的硕士论文中对哈尔滨和牡丹江两个地区的商品混凝土试块进行了后装拔出试验，得到了哈尔滨地区的回归曲线方程为：$f_e = 3.5104F - 12.5997$，牡丹江地区的回归曲线公式为：

$$f_L = 4.2001F - 19.7967^{[53]}$$

郑州大学李珂、刘立新[54]等综合考虑回归方程参数、相对标准差以及商品混凝土的特点，得到了郑州地区商品混凝土的回归曲线：

$$f = 2.916F + 9.656$$

浙江大学金南国教授从 20 世纪 90 年代就致力于拔出法检测混凝土抗压强度的研究，发明了胶粘拔出法[55-58]，即以环氧树脂作为胶粘剂进行拔出试验，得到了浙江地区胶粘拔出法检测混凝土抗压强度的回归方程为：$f_e = 2.33F - 32.69$，相关系数 $r = 0.98$，2004 年又提出了胀栓拔出法的回归方程：$f_e = 2.1249F - 32.129$，相关系数 $r = 0.976$。

（5）关于加固领域拔出法检测纤维水泥砂浆强度的研究方面，湖南大学的卜良桃、李静媛[59]做出了用后装拔出法检测纤维水泥砂浆抗压强度的探索，并且取得了良好的研究成果。

1.5　工程结构加固薄层拔出法检测技术的内容和意义

国内外的研究表明，混凝土抗压强度跟拔出力存在着某种线性关系，但目前国内还没有关于加固领域纤维水泥砂浆强度采用拔出法的有关研究，本书对于纤维水泥砂浆采用拔出法测其抗压强度进行试验研究，拟定纤维水泥砂浆测强曲线，并对测强曲线进行相关性评价和显著性检验。为拔出法检测纤维水泥砂浆的标准制订做出了探索。

本书主要完成以下几方面的工作：

（1）通过对 20～100MPa 不同强度等级不同种类纤维水泥砂浆进行一系列拔出试验及边长为 70.7mm 立方体抗压强度试验，得出相关试验数据，通过数据的处理分析，建立拔出法的测强曲线。

（2）对试验得到的有效数据用最小二乘法原理进行线性函数模型的回归计算，并对回归曲线的误差、精度及回归效果、回归参数进行分析，然后通过方差分析法对回归方程的显著性进行了检验，确定拔出法测强曲线及有关参数。

（3）总结分析影响拔出法检测普通水泥砂浆及纤维水泥砂浆抗压强度因素及分析其破坏机理，及使用过程中的操作要点。

（4）对拔出法检测水泥砂浆强度的施工过程进行规范，以推广这一方法的应用。

参考文献

[1]　宋中南. 我国混凝土结构加固修复业技术现状与发展对策. 混凝土，2002，(10)：10-17.

[2]　江见鲸，李杰，金伟良. 高等混凝土结构理论［M］. 北京：中国建筑工业出版社，2007，1-20.

[3]　尚守平，曾令宏，彭晖等. 复合砂浆钢丝网加固 RC 受弯构件的试验研究［J］. 建筑结构学报，2003，24（6）：87-91.

[4]　尚守平，蒋隆敏，张毛心. 钢筋网水泥复合砂浆加固 RC 偏心受压柱的试验研究［J］. 建筑结构学报，2005，26（2）：17-27.

[5]　蒋隆敏，尚守平，黄政宇. 一种适用于钢丝（筋）网水泥加固 RC 结构的纤维增强复合砂浆和界面

剂 [J]．土木工程学报，2005，38（5）：41-47.

[6] 卜良桃，万长胜等．PVA-ECC 加固 RC 足尺梁受弯性能试验研究 [J]．湖南大学学报，2010，37（1）：6-10.

[7] 金成勋，金明观，刘成权等．渗透性聚合物灰浆的性能分析 [D]．北京：爱力坚有限公司（中国总代理），2001：1-20.

[8] ACI Committee. A Guide for the Design, Construction and Repair of Ferrecement. ACI Structural-Journal, Vol. 85, No. 3，323-351.

[9] ACI Committee 549（ACI549. 1-88R），State-of-the-art report on ferroce ment American Concrete Institute，Dctroit，1998：24-56.

[10] 余红发．混凝土非破损测强技术研究 [M]．北京：中国建材工业出版社，1999，105-108.

[11] ACI Committee. A Guide for the Design，Construction and Repair Ferrocement. ACI Structural Journal，Vol，85，No. 3，323-351.

[12] 卜良桃，陈军，鲁晨．PVA-ECC 加固 RC 足尺梁二次受力试验研究 [J]．湖南大学学报（自然科学版），2011，38（1）：1-7.

[13] 高丹盈，刘建秀．钢纤维混凝土基本理论 [M]．北京：科学技术文献出版社，1994，2-14.

[14] （英）汉南特．纤维水泥与纤维混凝土 [M]．北京：中国建筑工业出版社，1986，96-153.

[15] 蒋之峰．钢纤维混凝土 [D]．北京：冶金部建筑研究总院技术情报研究室，1984，96-127.

[16] Swamy A N, Spanos A. Creep Behavior of Ferrrocement Sections. Journal of Ferrocement，1985，15（2）：117-129.

[17] Romualdi J P. Ferrecement for infrastructure rehabilitation. Concrete Interna-tional ：Design and Construction，1987，99 ：24-28.

[18] Hoff，G. C. Use of steel fiber reinforeced concrete in bridge decks and pavements. NSF-STU Seminar on Steel Fiber Concrete，1985：67-131.

[19] Fwa，T. F，Paramasivam. Thin steel fiber cement mortar overlay for concrete pavement. Cement and Concrete Compos，1990，12（3），175-184.

[20] Ong K. C. G，Paramasivam P，Lim，C. T. E. Flexural strengthening of reinforced concrete beams using ferrocement laminate. Journal of Ferrocement，1992，331-342.

[21] Tuğçe Sevil，Mehmet Baran，Turhan Bilir，et al. Use of steel fiber reinforced mortar for seismic strengthening. Construction and Building Materials，2011，25（2）：892-899.

[22] Li VC. Engineered cementitious composites（ECC）- tailored composites through micromechanical modeling. Fiber Reinforced Concrete：Present and the Future. Montreal：Canadian Society of Civil Engineers，1998，64-97.

[23] Wu C. Micromechanical Tailoring of PVA-ECC for Structural Applications：[Doctoral dissertation of University of Michigan]．Michigan：University of Michigan，2001，1-15.

[24] 张君，居贤春，郭自力．PVA 纤维直径对水泥基复合材料抗拉性能的影响 [J]．建筑材料学报，2009，12（6）：706-710.

[25] 林水东，程贤苏，林志忠．PP 和 PVA 纤维对水泥砂浆抗裂和强度性能的影响 [J]．混凝土与水泥制品，2005，（1）：18-19.

[26] 邓宗才，薛会青，李朋远．PVA 纤维增强混凝土的弯曲韧性 [J]．南水北调与水利科技，2007，5（5）：139-143.

[27] 聂建国，王寒冰，张天申等．高强不锈钢绞线网-砂浆抗弯加固的试验研究 [J]．建筑结构学报，2005，26（02）：1-17.

[28] 蒋隆敏，尚守平，黄政宇．一种适用于钢丝（筋）网水泥加固 RC 结构的纤维增强复合砂浆和界面

14

剂［J］．土木工程学报，2005，38（05）：41-47.

［29］ 卜良桃，万长胜．PVA-ECC 加固 RC 足尺梁受弯性能试验研究［J］．湖南大学学报（自然科学版），2010，37（01）：6-10.

［30］ 曾令宏，尚守平，万剑平等．复合砂浆钢丝网加固钢筋混凝土梁静力和疲劳性能试验研究［J］．建筑结构学报，2008，29（01）：87-89.

［31］ 卜良桃，胡尚瑜，尚守平．HPF 加固梁受弯性能影响参数试验［J］．哈尔滨工业大学学报，2009，41（10）：181-184.

［32］ 戴睿．钢丝网复合砂浆加固混凝土梁的受弯试验研究［D］．湖南大学硕士论文．长沙：湖南大学土木工程学院，2004，2-10.

［33］ 许宁．钢筋网水泥复合砂浆加固混凝土轴心受压构件性能研究［D］．湖南大学硕士论文．长沙：湖南大学土木工程学院，2006，48-55.

［34］ 卜良桃，王月红，尚守平．复合砂浆钢筋网加固抗弯 RC 梁的非线性分析［J］．工程力学，2006，23（09），125-130.

［35］ 曾令宏．钢丝网复合砂浆加固混凝土受弯构件的试验研究［D］．湖南大学硕士论文．长沙：湖南大学土木工程学院，2003，12.

［36］ 卜良桃，全玥，尚守平，郭曙．高性能水泥复合砂浆钢筋网加固混凝土结构新技术研究［J］．建筑结构，2007，37（07）：43-48.

［37］ 国家建筑工程质量监督检验中心编．混凝土无损检测技术［M］．北京：中国建材工业出版社，1996：30-50.

［38］ 侯宝隆，蒋之峰．混凝土的非破损检测［M］．北京：地震出版社，1992.

［39］ 陕西省建筑科学研究设计院．回弹法检测混凝土抗压强度技术规程 JGJ/T23-2001［S］．北京：中国建筑工业出版社，2-7.

［40］ Kierkegaard-Hansen，P．"Lok-Strength" Nordist Betong（Joumal of the Nordic Concrete Federation）．Stockholm. No. 2，1975.

［41］ Skramtajew. B. G，"termining Strength for Control of concrete in structure" roceeding，Am. Concrete Inst. Vol. 34，pp. 2885. 1938.

［42］ Tremper. B，"Measurement of Concrete Strength by Embedded pull-outbars"，roceeding，47th Annual Meeting，American Society for Testing Materials，1944：880-887.

［43］ Malhotra，V. m，and Carette. G，CoMParision of pullout Strength of Concrete with Compressive Strength of Cylinders and Cores，Pulse Velocity and Rebound Number，Journal of the Amercian Concrete Institute，1980.

［44］ Claus German Petersen B. Sc，M. Sc. LOK-TEST and CAPO-TEST Pullout Testing Twenty Years Experience. In-situ Testing A/S Emdrupvej 102 DK-2400 Copenhagen Denmark．

［45］ Jesen，B. C and Carino，N. J．"deformation and Failure in Large-Scale PulloutTests"，ACI Journal Processings. V. 80，N06，Nov-Dce. 1983，pp. 501-513.

［46］ Ottosen，N. S，discussion of Deformation and Failure in Large-Scale Pullout Test" by W. C. Stone and N. J. Carino. ACI Journal. 1984，81（5）．

［47］ V. M. malhotra．"Evluation of the Pullout Test to determine Strength of In-situ CoPcrete"，Materials and Constructures，1975，8（43）：19-31.

［48］ Hellier，A，Sansalone，M，Carino，N. J，Stone，W. C，and Ingraffea，A. R，"Finite Element Analysis of the Pullout Test Using a Nonlinear Discrete Cracking Approach，" American Society of Testing and Materials-Journal of Cement and Concrete Aggregates，Summer 1987，pp. 20-29.

［49］ Williams，T.，Grigoriu，M.，Samsalone，M.，and Poston，R. W.，"Reliability Based Approach to

Nondestructive Testing," Proceedings of 12 ASCE Engineering Mechanices Conference, San Diego, California, April, 1998.

[50] 拔出法检测混凝土强度技术规程 CECS 69：2011 [S]. 中国计划出版社，2011.

[51] 后装拔出法测定混凝土强度试验研究报告 [R]. 北京市建筑工工程研究所，1990，7.

[52] 陈宇峰，福建省后装拔出法检测混凝抗压强度三点支撑式测强曲线的试验研究 [J]. 福建建筑，2007，1.

[53] 陶红艳. 后装拔出法检测桥梁结构混凝土强度的研究 [D]. 东北林业大学硕士学位论文，2007.

[54] 李柯，刘立新，商品混凝土后装拔出法地方测强曲线的研究 [J]. 郑州大学学报，2002，2.

[55] 金南国. 混凝土拉拔力与抗压强度的相关性及其可靠性研究 [D]. 浙江大学硕士学位论文，1991.

[56] 金南国. 检测混凝土强度的胶粘拉拔法可靠性研究 [J]. 浙江大学学报，1996.11.

[57] 陈光勇. 胶粘拔出法检测混凝土强度技术研究及力学分析 [D]，浙江大学硕士学位论文，2002.

[58] 宋容光. 检测混凝土强度的胀栓拔出法新技术研究 [D]. 浙江大学硕士学位论文，2004.

[59] 卜良桃，李静媛. 后装拔出法检测聚乙烯醇纤维水泥复合砂浆抗压强度的试验 [J]. 沈阳建筑大学学报，2010，26（2）：211-214.

第2章　拔出法检测砌体结构水泥砂浆加固薄层强度

2.1　砌体结构加固技术

砌体结构是一种使用年代较早、在我国较为普遍的建筑结构形式。我国农村房屋、校舍等广泛采用砌体结构形式，现存许多历史文物建筑也是砌体结构建筑，足以可见以砖砌墙体承重的砌体结构建筑物在我国现有建筑结构中占有量之大、覆盖面之广[1]。

砌体结构由于其建造成本低、施工简单而被广泛使用，然而构成砌体结构的砌筑材料离散性大、材料强度较低，决定了砌体结构普遍承载能力不高、整体性不佳、抗变形能力较差的结构特点。加上目前我国许多砌体结构建造年代早，实际使用时间已经达到甚至超出设计基准期。特别是对于建造年代早、建造水平低的砌体结构房屋，自身由于缺乏完备的抗震措施，在地震作用下往往出现砖砌墙体和砖柱等倒塌、预制楼板掉落等严重破坏。近年来，我国经历了汶川大地震和雅安大地震等自然灾害，震区房屋结构受到了不同程度影响[2]。为此，砌体结构的加固一直受到人们的高度关注。

砌体结构房屋常见的加固方法包括：增大截面法、钢筋网水泥砂浆面层加固法、外包钢法、外套钢筋混凝土墙法、设置圈梁与构造柱、增设或扩大扶壁柱、窗间墙处增设钢筋混凝土构造柱以及托梁加垫；近年来还出现了一些新型的加固措施，如斜拉筋加固法、FRP加固法、预应力加固法、隔振减震加固法等[3]。其中，钢筋网水泥砂浆面层加固法是对开裂或者未开裂的墙体外加钢筋网，采用普通水泥砂浆面层进行加固，以提高其承载力、刚度和抗震能力的一种有效方法[4]。由于工程中通常会对墙体进行双面加固，所以该方法加固后的墙体又被形象地称为"夹板墙"。以往试验研究表明，采用钢筋网水泥砂浆面层加固法进行加固后既可以较大幅度地提高墙体的抗剪能力和承载力，又能改善砖墙的延性和变形能力，从而从本质上改变砖墙的脆性性质[5-7]。钢筋网水泥砂浆面层加固法施工方便、造价低，且基本不占用建筑空间，在砌体承重构件或混凝土承重构件的加固中应用非常普遍。

对于安全性及抗震性能不符合要求的砌体结构房屋，钢筋网水泥砂浆薄层加固是一种经济可靠的加固方法，该方法通过在墙体上绑扎一定间距的钢筋网，并抹压砂浆薄层进行双面加固，能有效提高砌体结构的承载力，增强结构的安全性和抗震性能。随着砌体房屋安全隐患排查和震损房屋的修缮工作的展开，寻找一种准确、便捷、经济的方法对在建结构和加固结构中水泥砂浆薄层抗压强度进行现场检测成为亟待解决的问题。

2.2　砌体结构砂浆强度检测方法

在砌体结构工程领域检测水泥砂浆抗压强度的技术手段有很多，目前使用较普遍的方法有点荷法、砂浆片剪切法、砂浆回弹法等，这些方法都具有各自的特点[8]。

（1）点荷法

点荷法，顾名思义就是对试件施加点荷载，然后通过换算公式来获得砂浆试件抗压强度的一种检测方法。砂浆片试样在被测试墙体的灰缝中直接抽取，点荷载直接通过专门的压力试验机来施加。进行点荷法测试时，首先选取测点并敲击测点部位的砖块，剥离出厚度为 5～12mm 的砂浆片。在砂浆片上标记出荷载作用点并量测砂浆片试件的实际厚度，然后将砂浆片放在试验压力机上，将上下两个加压球头对准选定的荷载作用点部位，缓慢施加荷载直到砂浆片破坏。试件破坏后碎裂成不同小块，将这些碎块拼接成原样后可以测量出点荷载作用半径，即实际荷载作用点到破坏线外边沿的距离。根据砂浆片厚度、点荷载值、荷载作用半径等参数，由拟定的强度换算公式便可以得到测区砂浆强度[9]。

点荷法检测结果较精确，但在砂浆强度很低的情况下采用该方法难以进行取样和测试[10]。而且该方法选取的砂浆片要求表面平整且厚度均匀，在压力机上试验时必须保证砂浆片测试面与点荷载作用线垂直，加上试验荷载值很小，因而操作精度要求较高。

（2）砂浆片剪切法

对于墙体的砌体砖块之间取出的匀质砂浆片试样，还可以通过剪切法来推算其抗压强度。采用该方法检测时，在墙体上选取的砂浆薄片试件厚度为 7～15mm、宽度为 15～50mm，试验设备为砂浆测强仪。测试抗剪强度时，首先将仪器调平，将砂浆片水平放置在砂浆测强仪内固定，启动仪器后，砂浆测强仪上下两片刀口对砂浆片连续均匀施加荷载直到将试件剪坏。根据砂浆片破坏时的荷载值以及量测的破坏面截面尺寸，可以得出砂浆的抗剪强度。凭借测区砂浆片的抗剪强度平均值即可计算得到测区砂浆抗压强度。

砂浆片剪切法测量结果较准确，但是也需要砂浆具备一定的强度才能取出，对于强度较低的砂浆不适用。墙体上抽取的砂浆片尺寸较小，剪切试验中破坏荷载也较小，因此对测量精度和仪器刀口定位精度要求较高。

（3）砂浆回弹法

砂浆回弹法是采用专门的轻型回弹仪测试砂浆表面硬度，然后把回弹值换算为砂浆强度的一种检测方法。砂浆回弹法检测时要考虑碳化和龄期的影响，还需要测试试件的碳化深度。

砂浆回弹法测位选取在砖砌墙体上一块面积大于 0.3m² 的区域，为了保证回弹值的稳定，测试部位的水平灰缝应该砂浆饱满、外表平整、表里质量一致。将弹击点部位的砂浆表面打磨平整，除去浮灰，每个测位都均匀布置 12 个测点进行回弹测试。砂浆层表面出现气孔或存在松动的部位都不能进行弹击，相邻两个弹击点的距离保持 20mm 以上。测试时，将回弹仪朝着与砂浆表面垂直的方向连续弹击 3 次并记录最后一个回弹数据，然后在每一测位内选择 3 处灰缝，用专门的碳化深度量测工具和酒精稀释到 1%～2% 的酚酞试液测量碳化深度。

砂浆回弹法操作简单，检测效率高，但由于砌体结构施工质量受人为因素影响较大，砌筑砂浆质量均匀性不高，所以抽取的测点部位砂浆离散性较大。鉴于回弹法的特点，在常规检测工作中，通常采用回弹法进行局部检测，然后再结合剪切法、点荷法等其他方法做少量的校正，这样既简化了检测工作量，缩短了检测时间，又能减少试验误差，保证了检测的精确性。

以上对水泥砂浆检测方法的研究和应用已经取得了丰富的成果。然而，以上方法都是针对砌体结构中的砌筑砂浆提出的，应用范围受到限制。通常钢筋网水泥砂浆面层的厚度仅为 25～35mm，要对其进行现场检测，操作面有限，常规的砂浆检测方法均不适用这种情况。

另外，点荷法和砂浆片剪切法都会在测试部位对承重墙体造成局部破坏，影响结构受力性能，且耗时费力，不适于大范围检测。加固工程是对原有结构的受力性能采取加强措施，原结构承载能力本身就存在不足，因此对加固层进行检测时，检测操作也不能对原结构和加固层进行大范围的损伤和破坏，否则适得其反，不但起不到检测的目的，反而影响了加固效果。水泥砂浆加固面层的检测只能采用非破损或破损很微小的检测方法，拔出法是其中一种原理简单、操作简便、精度较高的方法。

2.3 拔出法应用到水泥砂浆加固薄层强度检测的相关研究

拔出法是通过测试拔出力来推定材料强度的检测方法，根据锚固类型和实施方式的不同，拔出法可以分为先装拔出法（又叫预埋拔出法）和后装拔出法（又叫后锚固法）。先装拔出法通过在测试材料中预先埋设锚固件，待被测试材料硬化达到强度后进行拉拔试验，测得极限拉拔力，然后利用预先建立的测强曲线来计算材料的抗压强度；后装拔出法通过对已经硬化的被测试材料中嵌入的锚固件进行拔出试验，测得极限拉拔力，然后代入相应的测强曲线中求出材料的抗压强度。这两种检测方法的基本原理都是根据拔出材料中锚固件的拉拔力推算材料的抗压强度[11]，区别在于埋设锚固件的时机不同。

近年来国内学者尝试着将拔出法检测技术推广到砂浆材料中。由于砂浆材料性能与混凝土相似，且不含粗骨料的影响[12-13]，材料较为密实，因而能取得更好的效果。

湖南大学李静媛[14]在聚乙烯醇纤维砂浆和钢纤维砂浆两种材料制作的试块上分别进行了后装拔出法试验研究。该研究成果拟定了出两者的后装拔出法测强曲线，拟合结果较好。试验结果显示，进行拔出试验时测点部位的破坏基本都是从钻孔边缘向外延伸扩展，测点部位产生的裂缝一直延伸到构件角部，呈发散状；有少数测点破坏时在表面并不能看到明显裂缝，但是试块内部已经破坏，拔出仪显示器的数值显示拔出力已经达到峰值。试验者将这两种纤维水泥砂浆的试验结果进行对比分析，发现在同种强度等级条件下，掺入钢纤维的砂浆测得的后装拔出力大于掺入聚乙烯醇纤维的砂浆。对试验的影响因素进行分析结果表明，纤维品种和钻孔垂直度对测试结果的影响显著。

李静媛[15]的试验研究采用的是北京海创高科生产的 HC-40 型多功能强度检测仪，使用三点式支承，经过钻孔、磨槽、敲入胀簧拔头和安装拔出仪进行拔出试验等步骤。拔出试验在 200mm×200mm×200mm 立方体试件的 3 个侧面上进行，相当于对纤维水泥砂浆立方体块进行的拔出试验。该研究开创性地将拔出法应用到了与混凝土材料特性相似的砂浆强度检测中，充分反映了拔出法在砂浆材料中应用的可能性。

湖南大学王宇晗[16]对聚乙烯醇纤维砂浆加固的混凝土试块进行了拔出法试验研究。该试验中制作的混凝土试块底面边长为 250mm，高度 450mm，混凝土采用 C20、C25、C30、C40 和 C50 五种强度等级，试块分别用 M30、M35、M40、M50 和 M60 五个强度等级的聚乙烯醇纤维砂浆——对应地进行加固，加固层中设置钢筋网，每种强度等级分别设置有 50mm×50mm、75mm×75mm 和 100mm×100mm 三种间距，以便分析不同间距钢筋网对拔出力的影响。从砂浆强度、钢筋间距两个主要影响因素对试验数据进行回归分析，得出其测强曲线。

王宇晗的试验采用市场上型号为的 SFTQ-80 的多功能强度检测仪，使用圆环式支承，圆环内径 55mm。当钢筋网间距为 100mm×100mm 时，钢筋网对拉拔力几乎无影响；当钢筋网间距为 75mm×75mm 时，钢筋网对拉拔力影响很小；当钢筋网间距为 50mm×50mm 时，钢筋网对拉拔力影响较明显。

湖南大学何瑶[17]制作了一批砌体砖墙试件，墙体分别采用 M10、M15、M20、M25、M30 五个强度等级水泥砂浆面层进行加固，然后测试加固层水泥砂浆的后装拔出力，并推定加固层水泥砂浆抗压强度。通过对试验数据进行统计分析，得到拔出力与水泥砂浆抗压强度两者之间的相关方程为 $f_{mu}^{m} = 1.6499F + 3.3281$。该回归方程相关系数接近 1，平均误差、相对标准差、剩余标准差和回归变异系数均较小，体现出该试验方法的可靠性和试验结果的准确度，同时证明了在厚度较薄的水泥砂浆面层中，后装拔出法检测抗压强度也具有可行性。

该试验同样采用的是型号为 SFTQ-50 的拔出仪，使用圆环式支承。被加固墙体表面铺设的钢筋网间距为 150mm×150mm，水泥砂浆加固层厚度为 30mm。

何瑶的试验中选择测点与钢筋的距离作为对比参数，考虑测点与钢筋的距离分别为 30mm、40mm、50mm、60mm 和 70mm 五种情况，对于每个强度等级水泥砂浆试件均选取上述五种情况进行试验验证。试验结果表明测点距钢筋的位置小于 50mm 时测得的拔出力与正常值相比偏大，因而得出 50mm 以上是保证测试结果准确性的测点与钢筋距离。

同时，为了研究水泥砂浆加固层厚度对试验结果的影响，试验中考虑了 20mm、30mm、40mm 三种厚度，对于每个强度等级的水泥砂浆均选取上述三种加固层厚度作为参数进行对比研究。试验结果表明，当水泥砂浆加固层厚度为 30mm、40mm 时，采用文中试验设备和试验方法所得到的试验结果较精确，而当加固层厚度仅为 20mm 时，试验数据离散型较大。

2.4 拔出法检测水泥砂浆加固薄层测强曲线的建立

2.4.1 先装拔出法现场检测水泥砂浆测强曲线

国内外对于混凝土和砂浆等材料的材料强度检测技术都是建立在大量试验数据的基础上，将应用新检测技术得到的测试变量与材料强度建立相关关系，采用统计学方法进行回归分析，得到测试变量与材料强度之间的相关关系。

1. 试验方案

本章以某加固工程施工现场的钢筋网水泥砂浆加固墙体为研究对象。该工程墙体采用烧结普通砖砌眠墙，墙体厚度为 240mm，由于房屋需要进行提质改造，经计算复核后原有结构部分墙体承载力不满足现行规范要求，相关单位决定对墙体采用钢筋网水泥砂浆双面加固，其中水泥砂浆加固层厚度为 30mm，钢筋网间距为 150mm×150mm。

依托该加固工程，本试验在加固工程现场完成，试验条件与现场实际施工条件相同，分为先装拔出法试验和立方体抗压强度试验两部分。采用拔出法测得水泥砂浆面层先装拔出力，采用标准立方体抗压强度试验测得同条件养护的水泥砂浆抗压强度标准值。

（1）试验仪器和设备

1）拔出仪

拔出法试验的主要试验装置为山东乐陵回弹仪厂生产的 ZH-60 型多功能后锚固拔出仪（图 2-1）。拔出仪主机主要由螺旋加压油泵、传感器、数显压力仪表、反力支承圆环组成（图 2-2、图 2-3）。拔出仪的额定拉力值为 60kN。

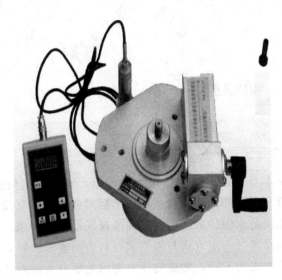

图 2-1　ZH-60 型拔出仪实物图

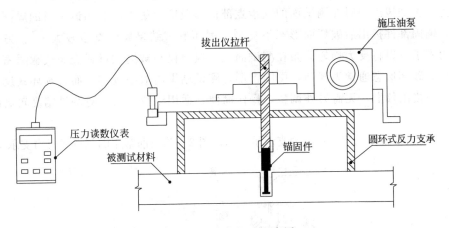

图 2-2　拔出仪组成示意图

拔出法试验的基本原理就是在被测试的材料中埋入锚固部件，然后将拔出仪以一定的方式支承在被测试材料表面，通过拔出仪拉杆对锚固部件施加拉力，将其拔出，得到最大拉力值。由于目前国内仅颁布了《拔出法检测混凝土强度技术规程》DB/T 29—237—2016 和《后锚固法检测混凝土强度技术规程》JGJ/T 208—2010 等用于拔出法检测混凝土强度的规范，因而市面上也只有专门用于混凝土强度检测的成套拔出仪装置，没有专门用于水泥砂浆面层检测的成套拔出仪装置。

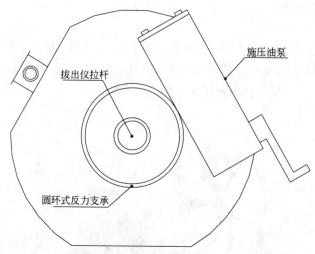

图 2-3　拔出仪主机俯视图

　　考虑到拔出仪主机本身只起到施加拉拔力的作用，对于检测何种材料并无影响，因此，本试验仅采用现有厂家生产的拔出仪主机，然后对拔出法成套设备中的锚固件等零件进行技术改进，同样能满足水泥砂浆面层抗压强度现场检测的要求。

　　拔出仪工作时，仪器通过一定方式与被测试材料表面紧密接触，实现该功能的部件称为反力支承，根据支承方式的不同，常见的反力支承主要分为三点式支承和圆环式支承两种类型[18]。三点式支承将拔出仪通过三个支承脚与测试面接触，该反力支承较为稳定，对边界的约束小而清晰，可适用于表面平整度不高的混凝土材料。但三点式反力支承为作用点受力，施加拔出力时在测试面的支承点部位形成应力集中，对测试材料的局部薄弱部位敏感，锚固部件拔出后破坏面形态不规则，因而测试结果离散型也较大[19]。另一种圆环式反力支承可以将反力均匀分布在测试面上，拔出仪与被测试材料表面接触紧密，锚固部件拔出后破坏形态通常为规则的倒圆锥形，测试结果离散型较小，而且圆环式反力支承可直接套在拔出仪上，无需另外调整，操作简便，适用于数量大、对测试精度较高的拔出试验。

　　图 2-4 为目前常用的圆环式反力支承示意图，图 2-5 为目前常用的三点式反力支承示意图。

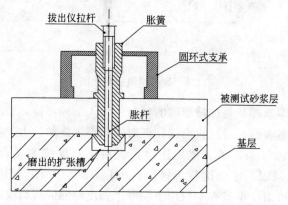

图 2-4　圆环式反力支承示意图

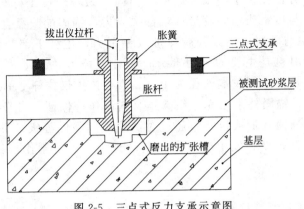

图 2-5 三点式反力支承示意图

本试验的测试材料为水泥砂浆，无粗骨料影响，测试面能达到表面平整的要求，优先选用圆环式拔出法检测装置。ZH-60 型多功能后锚固拔出仪配备了反力支承圆环，圆环外径 135mm，能满足试验要求。拔出仪装配示意图如图 2-6 所示。

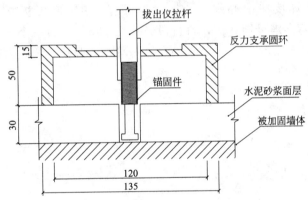

图 2-6　拔出仪装配示意图（单位 mm）

2）锚固件

拔出仪通过拉拔锚固部件将其从被测试材料拔出测得拔出力，目前厂家生产的拔出仪配套的锚固部件都是为混凝土强度检测而设计的，一种是在端头扩大的锚固件，另一种是可扩张和收紧的胀簧。已有的文献研究中，对于砂浆尤其是砂浆面层的拔出试验，采用的是胀簧式锚固部件。然而，采用胀簧式锚固部件需要经过钻孔磨槽层工序，十分耗费工时，而敲入胀簧的步骤受人为因素影响大，操作过程中难以保证胀簧与测试面的垂直，因此该种锚固部件不适于数量大、检测精度高的现场检测。

为此，本书所依据的试验中对后锚固强度检测仪配套的混凝土锚固件进行改进设计，制作了专门用于水泥砂浆面层抗压强度检测的锚固件（图 2-7）。

该锚固件由锚固端、主杆和螺纹端三部分组成。锚固端和

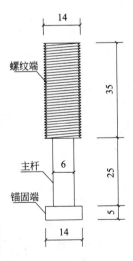

图 2-7　锚固件示意图（单位 mm）

主杆为主要锚固部分，埋设于砂浆面层中。锚固端为一个比主杆直径大的扩大圆盘，深入砂浆面层中，与砂浆或锚固胶形成端部锚固力，锚固端圆盘直径为14mm、厚度为5mm。主杆周围与砂浆或锚固胶胶体形成握裹力，主杆下部与锚固端相连，上部与螺纹端相连，同时也是主要的传力部分，主杆直径为6mm、长度为25mm。螺纹端用于连接拔出仪拉杆，螺纹端外径为14mm，与拉拔仪拉杆上的螺口纹路对应，螺纹端长度为35mm。锚固件采用6.8级碳钢材料制作，保证了自身足够的强度，不至于测试过程中发生屈曲变形或拉断。通过对一些不同强度等级的砂浆样品进行试拔，锚固件工作状况良好，没有发生变形或拉断的现象，表明制作的锚固件能满足试验的要求。

3）固定架

为了提高砂浆面层强度检测工作的准确性，试验中设计了一种简易固定架装置用于固定锚固件。同时通过固定架的调节功能，使连接在固定架上的锚固件轴线与测试面垂直。

固定架装置由中心螺母和三个支杆组成。中心螺母口径和螺距与锚固件端头螺纹对应，中心螺母口径为14mm。三个支杆在平面内呈120°夹角均匀分布，其中两个支杆为固定杆，固定杆一端焊接在中心螺母上，另一端呈"L"形弯折90°，平直段长度为100mm，两个支架弯向螺母同一侧，弯折段长度为35mm。另一个支杆为活动杆，一端焊接在中心螺母上，平直段长度为100mm，另一端有一圆孔，圆孔内旋入一根长螺丝与其他两支杆的弯折部分形成爪形（图2-8、图2-9）。

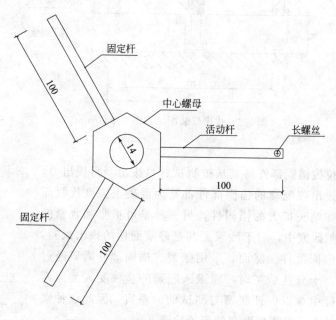

图2-8　固定架示意图（一）（单位 mm）

将锚固件的螺纹端旋入固定架的中心螺母内即可完成锚固件与固定架的连接（图2-10）。根据"三点确定一个平面"的简单原理，固定架的两个固定支杆和一个活动支杆形成爪形的稳定平面，通过调节活动支杆上旋入长螺丝的长度，可以调节三个

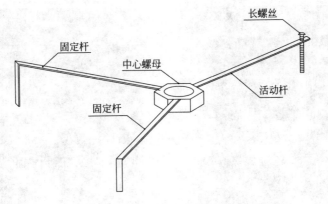

图 2-9　固定架示意图（二）

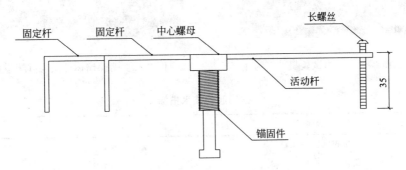

图 2-10　锚固件与固定架连接示意图（单位 mm）

支杆所确定的平面在空间的位置，因为固定架连接并固定住了锚固件，同时就调节了锚固件所在轴线与砂浆层表面的角度。当调节至锚固件所在轴线与被测试砂浆层表面垂直时，将固定架固定在被测试砂浆层表面上，完成锚固件与固定架的连接组装和安放工作。

4）钻孔机

钻孔机采用手持式冲击电锤。

5）压力试验机

立方体抗压强度试验在压力试验机上进行，其最大加载压力为 2000kN。仪器选用无锡新路达仪器设备有限公司制造的 TYA-2000 型电液式压力试验机，压力试验机实物图如图 2-11 所示。

（2）试验材料

1）42.5 级普通硅酸盐水泥；

2）细度模数为 2.3～2.5 的中砂；

3）洁净自来水；

4）加固面层中铺设的钢筋网采用直径为 8mm 的 HRB335 级钢筋；

5）HPPC 外加剂，由长沙市固力实业有限公司提供。

6）锚固胶，锚固胶的性能指标应符合表 2-1 的规定。

图 2-11　压力试验机 　　　　　　　图 2-12　凿除墙体抹灰层并铺设钢筋网

锚固胶的技术指标　　　　　　　　　　　　　表 2-1

性能项目	性能要求	试验方法参照标准
抗拉强度（MPa）	≥40	
受拉弹性模量（MPa）	≥2500	
伸长率（%）	≥1.5	GB/T 2567
抗压强度（MPa）	≥70	
23℃时混合后初黏度（mPa·s）	≤1800	GB/T 22314
钢-钢拉伸剪切强度（MPa）	≥20	GB/T 2567

（3）试件制作

本书试验在加固工程施工现场进行，试验条件与实际工程施工条件相同，更利于将得到的试验结果推广到现场检测中。

在现场选取 9 片 2m×3m 的 240mm 厚眠墙，凿除墙体原有抹灰面层露出砌体砖基层，并清理墙体表面的疏松、剥落的劣质砖块。墙体双面铺设间距为 150mm×150mm 钢筋网（图 2-12），并在纵横两向钢筋交点处点焊牢固，以保证加固效果。

每片墙体采用一种强度等级的水泥砂浆进行双面加固（图 2-13），共采用 M10、M15、M20、M25、M30、M35、M40、M45、M50 九个等级，墙体的一面用于先装拔出法试验，另一面用于后装拔出法试验。

单面墙体的水泥砂浆层表面即可划分成 6 块 1m×1m 的区域（图 2-14）。将单面墙体上一块 1m×1m 区域的水泥砂浆加固面层和 3 个立方体试块组成一组试件，因而每片加固墙体的正反两面能制作 6 组先装拔出法试件和 6 组后装拔出法试件。

（4）试件养护

制作拔出法试件抹压加固面层时采用同盘水泥砂浆制作对应的边长 70.7mm×

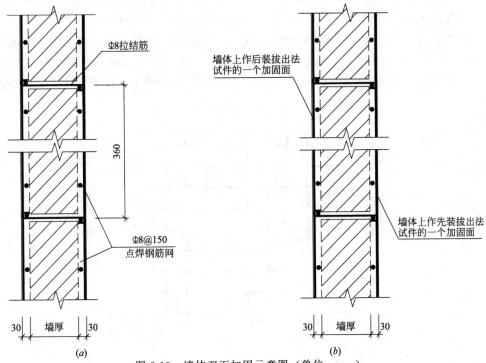

图 2-13　墙体双面加固示意图（单位：mm）

（a）墙体加固构造示意图；（b）墙体加固面划分示意图

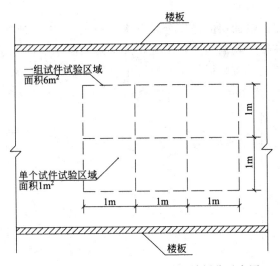

图 2-14　单面墙体拔出法试验区域划分示意图

70.7mm×70.7mm 的立方体试块。立方体试块和拔出法试件在施工现场与对应的水泥砂浆面层加固墙体在同等条件下养护 28d。

2. 试验过程

（1）布置测点

在每组先装拔出法试件的 1m×1m 区域的单面墙体上，选取 3 个钢筋网中心作为先装拔出法试验测点。

考虑到拔出仪反力支承圆环的外径为 135mm，在进行拔出试验时反力支承圆环围成的区域内都处于锚固件和反力支承圆环施加作用力的区域，锚固件拔出后该区域内水泥砂浆层发生破坏。为了避免不同测点之间相互影响，布置测点时保持相邻两个测点之间的间距 300mm 以上，同时测点离构件边沿的距离保持 100mm 以上。测点位置都避开了墙体基层不平整部位。单组先装拔出法试件上的测点布置示意图如图 2-15 所示。

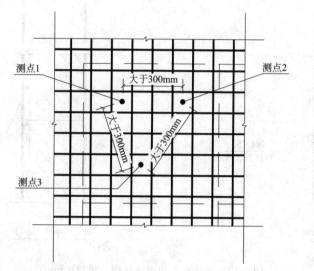

图 2-15　先装拔出法测点布置示意图

（2）抹压第一层水泥砂浆

人工抹压墙体水泥砂浆面层的操作分为三次进行[20]，由于被加固墙体凿除原抹灰层后，基层砌体表面存在很多孔洞和凹陷部位，抹压第一层水泥砂浆主要是填补孔洞缺陷，为锚固件的安放和调整其垂直度提供良好的操作面（图 2-16）。

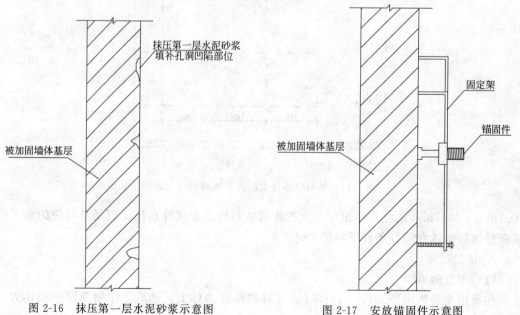

图 2-16　抹压第一层水泥砂浆示意图　　　　图 2-17　安放锚固件示意图

28

（3）安放锚固件

墙体表面孔洞和凹陷部位填平后，在测点位置安放锚固件，如图 2-17 所示。将锚固件旋入固定架的中心螺母内，使锚固件与固定架连接，调节固定架使得固定架上的锚固件与测点部位基层表面垂直。由于墙体表面铺设有钢筋网片，能很方便地将固定架固定，从而保证了锚固件稳固地安放在测点位置。

为了让固定架与锚固件顺利地安装和拆除，在安放锚固件时，在固定架的三个支杆以及锚固件的锚固端都涂刷了一层机油，这样能避免水泥砂浆附着在固定架支杆上，便于固定架拆除。

（4）抹压第二层水泥砂浆

抹压第二层水泥砂浆并将钢筋网初步覆盖，抹压厚度为 15mm，如图 2-18 所示。在第二层水泥砂浆面层终凝前及时拆除固定架，并将拆除时在固定架周围水泥砂浆面层上留下的破损和孔洞及时补平。此时抹压的砂浆层已经达到初凝，拆除固定架以后锚固件能稳定地固定在测点位置。

（5）抹压第三层水泥砂浆

第三层水泥砂浆抹压厚度为 15mm，此时水泥砂浆面层厚度达到 30mm（图 2-19）。本试验锚固件的端部圆盘厚度为 5mm，主杆长度为 25mm，因此当砂浆面层抹压达到设计厚度时，锚固端圆盘和主杆部分完全埋设在水泥砂浆面层中，此时锚固深度正好为 30mm。抹压第三层水泥砂浆时将墙体表面抹压平整，确保各部分抹压厚度均匀，并用平整的尺条压光刮平，为拔出仪的安装提供平整且与锚固件轴线垂直的操作面。

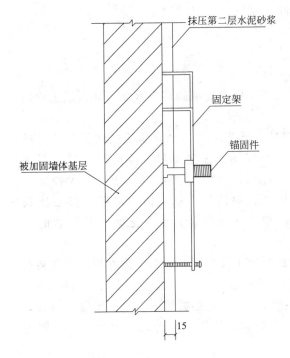

图 2-18　抹压第二层水泥砂浆
示意图（单位 mm）

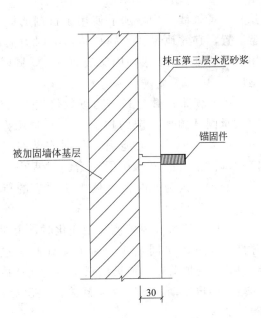

图 2-19　抹压第三层水泥砂浆
示意图（单位 mm）

（6）养护

试验选取的 9 片墙体各采用了一种强度等级的水泥砂浆进行加固，墙体两面同时加固，一面作为先装拔出法试件，另一面作为后装拔出法试件。为保证试验材料的均匀性，同时减少试块数量。每盘水泥砂浆制作一个 $1m\times1m$ 区域的先装法试件、一个 $1m\times1m$ 区域的后装法试件和 3 个立方体试块，这样就保证了在每组试件的水泥砂浆与立方体试块为同条件制作，并将立方体试块与拔出法试件在现场同条件养护 28d，然后分别进行先装拔出试验、立方体抗压强度试验和后装拔出试验。需要说明的是，试验分组中一一对应的先装拔出法试件、后装拔出法试件、立方体试块的编号采用了相同的数字后缀，以便数据分析时加以区分和比较。例如先装拔出法试件 XZ10-1 对应于后装拔出法试件 HZ10-1 和立方体试块 M10-1，三者为同批材料在相同条件下制作、养护。

（7）测试拔出力

先装拔出法试件养护 28d 后进行拔出力测试。工程现场施工进度与本书试验相同，当拔出法试件养护完成后工程已进入装修恢复阶段，相关单位对墙体水泥砂浆加固层表面涂刷了白色涂料，为试验中更加清晰直观地观察试验现象提供了便利。

将拔出仪拉杆端头螺母与锚固件的螺纹端对中连接，然后垂直套上反力支承圆环，再套上拔出仪主机并拧紧固定螺母使主机固定（图 2-20）。由于试验过程中锚固件、主机拉杆两者轴线对中，加上使用了自制的固定架装置，有效地保证了施加拔出力时力的作

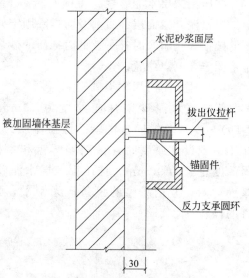

图 2-20　安装拔出仪示意图（单位 mm）

用线与墙体水泥砂浆加固层表面垂直，同时保证了反力支承圆环在水泥砂浆面层上均匀施压。

拔出仪采用数显式压力读数仪表自动读数，首先缓慢转动加压手柄使拔出仪对反力支承圆环施加一定的拉拔力，此时反力支承圆环、固定螺母、拔出仪主机三者进一步靠紧墙面，从而能确保仪器安装时各装置部件之间不留空隙，然后再次拧紧固定螺母使主机固定。在预压紧的过程中，虽然转动加压手柄，但数显压力仪表读数不会变化，因为此时拔出仪主机顶进的行程相当于把各装置部件之间空隙压紧的位移量。

当压力读数仪表数值开始变化时，说明此时拔出仪拉杆开始对锚固件施压，各装置部件正式进入协同工作。为了保证测试过程精确稳定，匀速转动加压手柄以 $0.5\sim1.0kN/s$ 的加荷速度使拔出仪均匀地施加拉拔力，当压力读数仪表上数值缓慢增加然后回落至不再变动，此时水泥砂浆面层已经发生破坏，仪器自动记录拔出力峰值，即为测得的拔出力。

先装拔出法现场试验的主要操作流程如图 2-21 所示。

（8）立方体抗压度试验

图 2-21　先装拔出法的主要操作流程

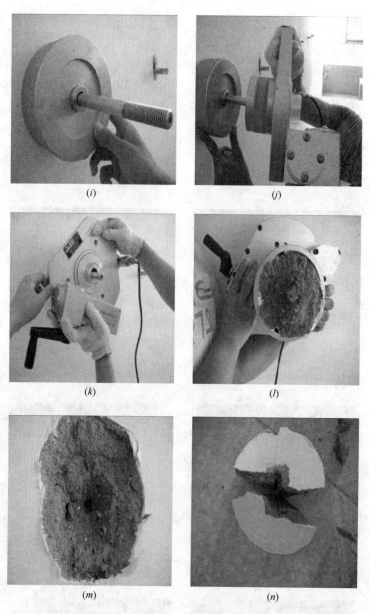

图 2-21　先装拔出法的主要操作流程（续）

（a）连接锚固件和固定架；（b）抹压第一层水泥砂浆并安放锚固件；（c）抹压
第二层水泥砂浆；（d）抹压第三层水泥砂浆；（e）刮平水泥砂浆面层；（f）单
组先装拔出法试件制作完成；（g）刷白墙面；（h）连接拔出仪拉杆；（i）安装
反力支承圆环；（j）安装拔出仪主机；（k）将拔出仪主机拧紧固定；（l）拔出
破坏体；（m）测点部位破坏面；（n）先装拔出法试验破坏体

　　水泥砂浆立方体试块与拔出法试件在加固工程施工现场同条件养护 28d 以后进行抗压
强度试验（图 2-22）。

　　试验之前先量测立方体试块受压面各个方向的尺寸，计算受压面实际面积。试验
时将立方体试块表面擦拭干净，由于试模内壁涂刷了一层机油，立方体试块取出来

以后表面容易沾染砂粒和其他碎屑杂质，立方体表面的砂粒等坚硬的杂质可能使受压面不平整，造成局部应力集中而影响试验精度。将立方体放在压力试验机上下承压板的中心位置，保证压力作用线垂直于试块承压面，启动压力机加压阀连续均匀施压，加荷速度维持在 1.5～2.5kN/s，施压过快会造成试块突然破坏，导致试验结果不准确。当压力机读数不再继续增加时，说明试块已经破坏，记录此时压力机读数作为试块的破坏荷载。根据试块的实际受压面积和破坏荷载即可计算得到单个立方体试块的实际抗压强度。

(a)　　　　　　　　　　　(b)

图 2-22　立方体抗压强度试验操作流程

(a) 擦拭试块表面；(b) 将试块置于压力机上

3. 试验结果

(1) 先装拔出法现场试验结果

每个先装拔出试件共埋设了 3 个锚固件，将测得的 3 个极限拔出力数据汇总，见表 2-2。取 3 个极限拔出力的均值作为本组水泥砂浆的先装拔出力代表值。

现场试验共设置了 54 组先装拔出法试件，得到的 54 个先装拔出力代表值涵盖了强度等级 M10～M50 的水泥砂浆，对于工程上常用的水泥砂浆，本试验采集的数据都具备了足够的样本容量。

先装拔出法试验结果汇总　　　　　　　　　　　　表 2-2

强度等级	试件编号	测点先装拔出力(kN)			先装拔出力代表值(kN)
M10	XZ10-1	6.63	6.89	7.21	6.91
	XZ 10-2	6.27	7.16	7.76	7.06
	XZ 10-3	6.37	6.65	7.00	6.67
	XZ 10-4	7.32	7.60	7.95	7.62
	XZ 10-5	5.89	6.70	7.64	6.74
	XZ 10-6	7.45	7.68	7.73	7.62
M15	XZ 15-1	7.25	7.99	8.64	7.96
	XZ 15-2	7.71	8.11	8.94	8.25
	XZ 15-3	7.96	8.75	9.54	8.75
	XZ 15-4	7.33	8.22	8.41	7.99
	XZ 15-5	7.98	8.45	8.67	8.37
	XZ 15-6	7.47	8.05	8.82	8.11

强度等级	试件编号	测点先装拔出力(kN)			先装拔出力代表值(kN)
M20	XZ 20-1	8.91	9.24	10.37	9.51
	XZ 20-2	9.01	9.54	10.17	9.57
	XZ 20-3	8.92	9.26	9.58	9.25
	XZ 20-4	8.84	9.44	10.18	9.49
	XZ 20-5	8.62	9.29	9.74	9.22
	XZ 20-6	8.90	9.76	10.35	9.67
M25	XZ 25-1	9.52	11.15	11.80	10.82
	XZ 25-2	8.52	10.01	10.93	9.82
	XZ 25-3	9.45	10.96	11.54	10.65
	XZ 25-4	9.33	10.38	10.61	10.11
	XZ 25-5	10.16	10.37	10.62	10.38
	XZ 25-6	9.98	10.48	11.67	10.71
M30	XZ 30-1	10.64	11.13	12.09	11.29
	XZ 30-2	9.59	10.97	12.11	10.89
	XZ 30-3	12.03	11.03	11.23	11.43
	XZ 30-4	10.21	11.47	12.40	11.36
	XZ 30-5	9.90	10.83	12.22	10.98
	XZ 30-6	10.50	11.55	11.79	11.28
M35	XZ 35-1	11.93	12.24	13.91	12.69
	XZ 35-2	10.30	12.03	13.29	11.87
	XZ 35-3	12.06	12.46	13.05	12.52
	XZ 35-4	10.83	12.11	13.30	12.08
	XZ 35-5	11.46	12.38	13.58	12.47
	XZ 35-6	11.05	11.64	13.07	11.92
M40	XZ 40-1	11.21	13.01	14.12	12.78
	XZ 40-2	12.36	13.56	12.04	12.65
	XZ 40-3	12.02	12.74	14.46	13.07
	XZ 40-4	13.28	13.43	13.95	13.55
	XZ 40-5	12.67	13.39	14.30	13.45
	XZ 40-6	12.67	13.35	13.73	13.25
M45	XZ 45-1	12.25	13.86	15.14	13.75
	XZ 45-2	12.52	14.19	14.71	13.81
	XZ 45-3	12.74	13.75	14.05	13.51
	XZ 45-4	14.03	14.24	14.81	14.36
	XZ 45-5	12.95	14.64	14.52	14.04
	XZ 45-6	13.37	13.88	14.35	13.87
M50	XZ 50-1	14.55	16.00	16.27	15.61
	XZ 50-2	13.77	14.71	15.18	14.55
	XZ 50-3	14.29	15.17	16.73	15.40
	XZ 50-4	13.19	15.05	15.57	14.60
	XZ 50-5	14.82	15.38	16.85	15.68
	XZ 50-6	15.10	15.83	17.89	16.27

（2）立方体抗压强度试验结果

将每组测得的 3 个立方体抗压强度数据汇总并确定各组代表值，见表 2-3。

立方体抗压强度试验结果汇总　　　　　　表 2-3

强度等级	试件编号	单个立方体抗压强度（MPa）			立方体抗压强度代表值（MPa）
M10	M10-1	9.02	9.29	9.50	9.27
	M10-2	10.04	10.51	10.98	10.51
	M10-3	10.70	10.15	10.12	10.32
	M10-4	10.37	10.87	12.72	10.87
	M10-5	10.34	10.62	10.90	10.62
	M10-6	9.09	9.71	10.04	9.61
M15	M15-1	14.29	14.52	15.05	14.62
	M15-2	14.02	16.66	16.85	16.66
	M15-3	14.79	14.87	14.98	14.88
	M15-4	13.14	15.52	15.85	15.52
	M15-5	15.82	17.04	17.49	16.78
	M15-6	13.86	14.08	15.65	14.53
M20	M20-1	19.68	20.64	21.23	20.52
	M20-2	20.07	20.14	21.23	20.48
	M20-3	18.18	21.92	22.98	21.92
	M20-4	17.15	19.77	22.55	19.82
	M20-5	17.58	18.57	18.60	18.25
	M20-6	19.24	20.40	20.83	20.16
M25	M25-1	26.21	26.86	27.41	26.83
	M25-2	22.20	22.62	24.19	23.00
	M25-3	23.73	26.21	26.92	25.62
	M25-4	24.20	24.66	27.80	25.55
	M25-5	22.62	25.71	26.24	24.86
	M25-6	22.58	23.10	23.90	23.19
M30	M30-1	26.72	28.66	31.78	29.05
	M30-2	28.51	29.40	31.61	29.84
	M30-3	27.66	28.61	29.34	28.54
	M30-4	27.94	30.22	31.24	29.80
	M30-5	27.04	28.22	29.16	28.14
	M30-6	31.15	31.16	32.89	31.73
M35	M35-1	32.82	34.51	35.23	34.19
	M35-2	33.38	34.40	35.54	34.44
	M35-3	32.23	33.64	34.79	33.55
	M35-4	32.27	33.34	34.24	33.28
	M35-5	33.13	34.98	35.25	34.45
	M35-6	33.90	34.72	35.20	34.61
M40	M40-1	38.52	39.14	41.00	39.55
	M40-2	37.07	38.50	40.22	38.60
	M40-3	39.81	40.99	41.22	40.67
	M40-4	36.96	38.11	40.16	38.41
	M40-5	35.06	38.05	38.47	37.19
	M40-6	37.34	38.79	41.62	39.25

强度等级	试件编号	单个立方体抗压强度（MPa）			立方体抗压强度代表值（MPa）
	M45-1	43.08	43.73	44.93	43.91
	M45-2	42.17	45.02	46.94	44.71
M45	M45-3	43.25	45.54	46.47	45.09
	M45-4	42.00	45.43	47.22	44.88
	M45-5	43.01	44.21	44.27	43.83
	M45-6	45.97	46.13	46.44	46.18
	M50-1	46.07	48.44	49.33	47.95
	M50-2	47.09	50.72	52.17	49.99
M50	M50-3	46.46	50.32	51.42	49.40
	M50-4	45.78	48.03	48.64	47.48
	M50-5	47.94	48.68	51.55	49.39
	M50-6	48.75	51.65	55.28	51.89

4. 回归分析

（1）回归的概念

回归分析是通过统计操作方法，对一批数据中的干扰因素加以控制，对数据进行拟合，建立自变量因变量之间关系，并对拟合的效果及合理性进行分析的一种统计分析方法。其目的是利用变量间的特定函数关系，用自变量对因变量进行预测，使预测值尽可能地接近因变量。

根据目前主流的统计学观点，回归分析过程中应尽可能选择简单的模型对某一现象作解释，而且分析这一过程中应该更多的关注模型是否能解释观测到的现象，而不是模型本身，因而有必要权衡回归模型的精确程度和简约程度之间的关系，用尽量简单的模型和尽量少的参数涵盖数据中传达的关键信息。

回归分析模型主要是揭示事物之间相关变量的数量联系，作为一种现场检测方法，本书试验通过现场测得的先装拔出力来推定水泥砂浆面层的实际抗压强度。因此在回归公式拟合时，其基本构想先是以先装拔出力作为自变量，水泥砂浆立方体抗压强度作为因变量，拟合出趋势线作为测强曲线。经过论证分析确认公式精确可靠后，在实际使用过程中，即可通过测试某一构件先装拔出力，代入测强公式中，得出实际的水泥砂浆强度。

（2）试验数据汇总

各组试件的先装拔出力代表值及相应的立方体试块抗压强度代表值见表2-4。

以拔出力 F 作为横坐标，立方体抗压强度 $f_{m,c}$ 作为纵坐标，绘制先装拔出法现场检测数据散点图，如图2-23所示。由图中可以看出，数据点大致分布呈线性趋势。

（3）一阶模型的建立

本书试验中采用了强度等级 M10～M50 的水泥砂浆，测试数据数量充足，采用一元线性模型对拔出力和水泥砂浆抗压强度代表值进行回归分析[21]。

表 2-4

先装拔出法现场检测水泥砂浆抗压强度试验数据汇总

强度等级	试验分组	先装拔出力代表值 F(kN)	对应的立方体试块抗压强度代表值 $f_{m,c}$(MPa)
M10	XZ 10-1	6.91	9.27
	XZ 10-2	7.06	10.51
	XZ 10-3	6.67	10.32
	XZ 10-4	7.62	10.87
	XZ 10-5	6.74	10.62
	XZ 10-6	7.62	9.61
M15	XZ 15-1	7.96	14.62
	XZ 15-2	8.25	16.66
	XZ 15-3	8.75	14.88
	XZ 15-4	7.99	15.52
	XZ 15-5	8.37	16.78
	XZ 15-6	8.11	14.53
M20	XZ 20-1	9.51	20.52
	XZ 20-2	9.57	20.48
	XZ 20-3	9.25	21.92
	XZ 20-4	9.49	19.82
	XZ 20-5	9.22	18.25
	XZ 20-6	9.67	20.16
M25	XZ 25-1	10.82	26.83
	XZ 25-2	9.82	23.00
	XZ 25-3	10.65	25.62
	XZ 25-4	10.11	25.55
	XZ 25-5	10.38	24.86
	XZ 25-6	10.71	23.19
M30	XZ 30-1	11.29	29.05
	XZ 30-2	10.89	29.84
	XZ 30-3	11.43	28.54
	XZ 30-4	11.36	29.80
	XZ 30-5	10.98	28.14
	XZ 30-6	11.28	31.73
M35	XZ 35-1	12.69	34.19
	XZ 35-2	11.87	34.44
	XZ 35-3	12.52	33.55
	XZ 35-4	12.08	33.28
	XZ 35-5	12.47	34.45
	XZ 35-6	11.92	34.61
M40	XZ 40-1	12.78	39.55
	XZ 40-2	12.65	38.60
	XZ 40-3	13.07	40.67
	XZ 40-4	13.55	38.41
	XZ 40-5	13.45	37.19
	XZ 40-6	13.25	39.25

强度等级	试验分组	先装拔出力代表值 F(kN)	对应的立方体试块抗压强度代表值 $f_{m,c}$(MPa)
M45	XZ 45-1	13.75	43.91
	XZ 45-2	13.81	44.71
	XZ 45-3	13.51	45.09
	XZ 45-4	14.36	44.88
	XZ 45-5	14.04	43.83
	XZ 45-6	13.87	46.18
M50	XZ 50-1	15.61	47.95
	XZ 50-2	14.55	49.99
	XZ 50-3	15.40	49.40
	XZ 50-4	14.60	47.48
	XZ 50-5	15.68	49.39
	XZ 50-6	16.27	51.89

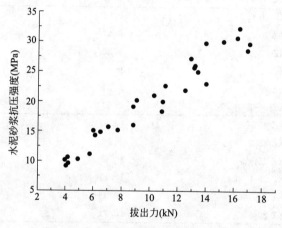

图 2-23　先装拔出法试验数据散点图

为了确定回归方程中的斜率系数和截距系数，考虑采用最小二乘法。其基本思路是在数据总体中随机选取一个数据样本，找出样本点在平面直角坐标系上的坐标，然后在同一坐标系上寻找一条直线，使得观测值（数据样本的纵坐标值）与拟合值（数据样本横坐标代入直线得到的纵坐标值）之间的距离最短。参照文献[21-22]拟定的回归方程式为

$$f_{m,c1} = \hat{\beta}_1 F_1 + \hat{\beta}_2 \tag{2-1}$$

$$\hat{\beta}_1 = \frac{\sum_{i=1}^{n} f_i F_i - \frac{1}{n} \times (\sum_{i=1}^{n} F_i)(\sum_{i=1}^{n} f_i)}{\sum_{i=1}^{n} F_i^2 - \frac{1}{n} \times (\sum_{i=1}^{n} F_i)^2} \tag{2-2}$$

$$\hat{\beta}_2 = \bar{f} - \hat{\beta}_1 \bar{F} \tag{2-3}$$

式中　$f_{m,c1}$——采用先装拔出法得到的水泥砂浆强度换算值（MPa）；

　　　F_1——先装拔出力代表值（kN）；

　　　$\hat{\beta}_1$——先装拔出法回归方程斜率系数（$10^3/mm^2$）；

　　　$\hat{\beta}_2$——先装拔出法回归方程截距系数（MPa）；

n——先装拔出法试件数量；

F_i——第 i 个构件的先装拔出力代表值（kN）；

f_i——第 i 个构件的水泥砂浆立方体试块抗压强度代表值（MPa）；

$\overline{F}$——进行曲线拟合的全部试件先装拔出力代表值的平均值（kN）；

$\overline{f}$——进行曲线拟合的全部立方体试块抗压强度代表值的平均值（MPa）。

将试验所得的 54 组先装拔出力和立方体抗压强度带入式(2-2)、式(2-3)得：

$$\hat{\beta}_1 = 4.83 \qquad \hat{\beta}_2 = -24.47$$

所得的先装拔出法现场检测水泥砂浆面层抗压强度的回归公式为

$$f_{m,cl} = 4.83F_1 - 24.47(F_1 > 5.07) \tag{2-4}$$

其中，自变量和因变量的下标"1"表示该参数为拟合先装拔出法测强曲线所采用的参数，以便与本书后面所述后装拔出法数据回归分析采用的变量区分开。后文中后装拔出法曲线的自变量和因变量的下标为"2"。

水泥砂浆先装拔出力与立方体抗压强度关系曲线如图 2-24 所示。

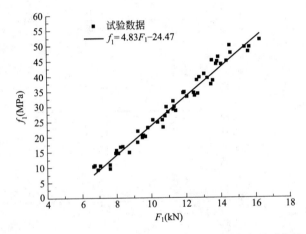

图 2-24　水泥砂浆先装拔出力与立方体抗压强度关系曲线

（4）回归直线的拟合优度

为了度量自变量对因变量的解释程度，需要对样本点与直线上对应的预测值之间的接近程度进行评判，这一过程称为回归模型的拟合优度评价[23]。

根据上一节拟合的先装拔出法回归方程，依次计算出各个立方体抗压强度代表值（观测值）对应的先装拔出法水泥砂浆强度换算值（拟合值），汇总结果见表 2-5。

先装拔出法水泥砂浆强度拟合值与观测值对比　　　　　　表 2-5

强度等级	$f_{m,cl}$（MPa）	$f_{m,cu}$（MPa）	$f_{m,cu} - f_{m,cl}$（MPa）
M10	8.91	9.27	0.36
	9.63	10.51	0.88
	7.75	10.32	2.58
	12.33	10.87	−1.46
	8.08	10.62	2.54
	12.33	9.61	−2.72

强度等级	$f_{m,c1}$(MPa)	$f_{m,cu}$(MPa)	$f_{m,cu}-f_{m,c1}$(MPa)
	13.98	14.62	0.64
	15.39	16.66	1.27
M15	17.81	14.88	−2.93
	14.11	15.52	1.41
	15.94	16.78	0.84
	14.72	14.53	−0.19
	21.46	20.52	−0.95
	21.77	20.48	−1.29
M20	20.21	21.92	1.71
	21.37	19.82	−1.54
	20.06	18.25	−1.81
	22.24	20.16	−2.08
	27.81	26.83	−0.98
	22.94	23.00	0.06
M25	26.97	25.62	−1.35
	24.36	25.55	1.19
	25.68	24.86	−0.82
	27.26	23.19	−4.07
	30.04	29.05	−0.99
	28.13	29.84	1.71
M30	30.74	28.54	−2.20
	30.40	29.80	−0.60
	28.58	28.14	−0.44
	30.01	31.73	1.72
	36.84	34.19	−2.65
	32.88	34.44	1.56
M35	36.02	33.55	−2.46
	33.88	33.28	−0.59
	35.76	34.45	−1.31
	33.10	34.61	1.50
	37.26	39.55	2.30
	36.65	38.60	1.95
M40	38.67	40.67	2.00
	40.99	38.41	−2.58
	40.51	37.19	−3.32
	39.53	39.25	−0.28
	41.94	43.91	1.97
	42.22	44.71	2.49
M45	40.80	45.09	4.29
	44.89	44.88	−0.01
	43.33	43.83	0.50
	42.51	46.18	3.67
	50.91	47.95	−2.96
	45.82	49.99	4.17
M50	49.90	49.40	−0.50
	46.06	47.48	1.42
	51.28	49.39	−1.89
	54.11	51.89	−2.22

注：$f_{m,c1}$为根据先装拔出法回归方程得到的水泥砂浆强度换算值（拟合值）；$f_{m,cu}$为水泥砂浆立方体抗压强度（观测值）。

1）回归平方和：

$$SSR = \sum_{i=1}^{n} (f_{m,cli} - \overline{f_{m,cl}})^2 = 8340.37 \qquad (2-5)$$

2）残差平方和：

$$SSE = \sum_{i=1}^{n} (f_{m,cui} - f_{m,cli})^2 = 215.9 \qquad (2-6)$$

3）总离差平方和：

$$SST = SSR + SSE = 8556.27 \qquad (2-7)$$

回归方程是由因变量的观测值拟合出来的，由于各种误差和干扰因素的影响，回归方程的总的变异由被解释的变异以及未被解释的变异组成。总的变异由 SST 表示，体现了 n 个观测值之间的差异；被解释的变异由 SSR 表示，反映了自变量的重要程度，即自变量与因变量线性关系引起的波动；未被解释的变异由 SSE 表示，其大小反映了测试误差以及其他因素对试验结果的影响。

在统计学中，引入判定系数 R^2，用于表示被解释变异在总的变异中所占比例。它是回归直线拟合优度的重要度量标准。

$$R^2 = \frac{SSR}{SST} = \frac{8340.37}{8556.27} = 0.9748 \qquad (2-8)$$

其中，$R^2 \in [0,1]$，R^2 接近 1，表明各观测点较接近回归直线，回归直线的拟合优度较高。

（5）假设检验

回归方程的拟合是在一批具体样本数据的基础上进行的，对于总体中自变量与因变量两者之间的关系也需要加以解释[24]。为了把回归直线拟合的样本数据中自变量与因变量的关系推广到各个不同强度等级水泥砂浆总体中，就需要对回归过程进行统计推断。

1）模型整体检验

模型整体的检验是通过检验判定系数来实现的，但判定系数往往无法直接检验，统计学中构造了一个与判定系数相关联的统计量 F，该检验方法称为 F 检验法，其原理为：因为一元线性回归中只有一个自变量，故 SSR 的自由度为 1，而 SSE 是以回归直线为基准计算的，回归直线含有截距系数和斜率系数两个变量，自由度为 $n-2$。将 SSR 和与 SSE 分别除以各自的自由度，得到回归均方 MSR 和残差均方 MSE，然后求出两者的比值，即为统计量 F。它服从自由度为 1 和 $n-2$ 的 F 分布，故可以直接检验[11]。进行统计检验时，通过统计分布表查出给定检验水平下统计量 F 的临界值，然后与计算得到的统计量 F 进行比较。

当 F 值大于检验水平 $\alpha = 0.01$ 的临界值时，认为自变量对因变量的影响特别显著；

当 F 值小于检验水平 $\alpha = 0.01$ 的临界值，且大于检验水平 $\alpha = 0.05$ 的临界值时，认为自变量对因变量的影响较显著；

当 F 值小于检验水平 $\alpha = 0.05$ 的临界值，且大于检验水平 $\alpha = 0.1$ 的临界值时，认为自变量对因变量有一定影响；

当 F 值小于检验水平 $\alpha = 0.1$ 的临界值时，认为自变量因应变量没有明显影响。

对先装拔出法现场检测水泥砂浆面层抗压强度的回归公式采用 F 检验：

建立统计假设 H_0：

$$\hat{\beta}_1 = 0$$

$$n = 54$$

$$SSR = 8340.37$$

$$SSE = 215.9$$

$$SST = SSR + SSE = 8556.27$$

$$F = \frac{SSR/1}{SSE/(n-2)} = \frac{8340.37/1}{215.9/(54-2)} = 2008.82$$

查 F 分布表得

$$F_{0.05}(1,52) = 4.03$$

$F > F_{0.01}$，说明假设 $\hat{\beta}_1 = 0$ 不成立，可以视为回归方程在检验水平 $\alpha = 0.01$ 下具有统计意义，即认为先装拔出法回归方程中自变量能引起因变量的显著波动，两变量之间线性关系的可能性极大。

2）回归系数检验

为了研究解释变量（先装拔出力）对被解释变量（水泥砂浆面层强度）的影响程度，需要对回归系数 $\hat{\beta}_1$ 进行检验，通常采用的检验方法是 t 检验法[23-24]。

总体方差未知，样本容量较小，建立统计假设 H_0：$\hat{\beta}_1 = 0$，

取检验水平 $\alpha = 0.05$ 时，

$$n = 54$$

$$\sigma^2 = \frac{\sqrt{SSE}}{n-2} = \frac{\sqrt{215.9}}{54-2} = 0.2826$$

$$SE(\hat{\beta}_1) = \frac{\sigma}{\sqrt{\sum_{i=1}^{n}(F_{1i}^2)}} = \frac{0.2826}{7164.01} = 7.42 \times 10^{-5}$$

$$t = \frac{\hat{\beta}_1}{SE(\hat{\beta}_1)} = \frac{4.83}{7.42 \times 10^{-5}} = 6509.4$$

$$t_{\frac{\alpha}{2}}(n-2) = t_{\frac{0.05}{2}}(54-2) = t_{0.025}(52) = 2.008$$

$$t_{\frac{\alpha}{2}}(n-2) < t$$

故认为回归方程对应的解释变量先装拔出力对被解释变量水泥砂浆抗压强度有显著的影响。

（6）对特定拔出力条件下立方体抗压强度个别值的估计

由上述分析得出先装拔出力和水泥砂浆抗压强度的线性相关关系具有统计意义，即本书拟合的方程有效。然而，在实际应用中，我们需要通过现场测得的拔出力来预测对应的砂浆实际抗压强度的取值区间，区间范围内的波动可近似看作由于施工误差和试验误差等

原因造成的影响。

结合计量经济学原理[22]，当自变量给定要预测因变量时，先将 $F = F_0$ 代入式(2-1)，得 $\hat{f}_0$。

采用先装拔出法对水泥砂浆面层进行现场检测时，水泥砂浆抗压强度推定值 f_0 在置信水平 $1-\alpha$ 下的预测区间可以表示为 $(\hat{f}_0 - \delta(F_0), \hat{f}_0 + \delta(F_0))$。

$$\delta(F_0) = t_{\frac{\alpha}{2}}(n-2)\hat{\sigma}\sqrt{1 + \frac{1}{n} + \frac{(F_0 - \overline{F}_1)^2}{\sum\limits_{i=1}^{n} F_{1i}^2 - \frac{1}{n}(\sum\limits_{i=1}^{n} F_{1i})^2}} \tag{2-9}$$

其中，

$$\hat{\sigma} = \sqrt{\frac{1}{n-2}\left\{\sum\limits_{i=1}^{n}(f_{\mathrm{m,cl}i} - \overline{f}_{\mathrm{m,cl}})^2 - \frac{\left[\sum\limits_{i=1}^{n}(F_{1i} - \overline{F}_1)(f_{\mathrm{m,cl}i} - \overline{f}_{\mathrm{m,l2}})\right]^2}{\sum\limits_{i=1}^{n}(F_{1i} - \overline{F}_1)^2}\right\}} \tag{2-10}$$

该区间能较好地反映材料强度实际情况。

以 XZ40-3 组为例，该组试件测得的 $F_0 = 13.07\mathrm{kN}$，取检验水平 $\alpha = 0.05$ 时，

$$n = 54$$

$$t_{0.025}(54-2) = 2.008$$

$$\hat{\sigma} = \sqrt{\frac{1}{54-2}\left(8541.02 - \frac{1725.21^2}{357.51}\right)} = 2.04$$

$$\delta(13.07) = 2.008 \times 2.04 \times \sqrt{1 + \frac{1}{54} + \frac{(13.07-11.23)^2}{7164.01 - 606.26^2/54}} = 4.15$$

由此可以推定，在置信水平为 95% 的条件下，采用本书拟合的水泥砂浆面层抗压强度推定值的预测区间为 $(40.67-4.15, 40.67+4.15)$，即先装拔出力为 13.07kN 时水泥砂浆面层抗压强度推定值在 36.52～44.82MPa 之间。

2.4.2 后装拔出法现场检测水泥砂浆测强曲线

1. 试验方案

本节中试验仪器和设备、试验材料均与 2.4.1 节中相同。后装拔出法试件与对应的强度等级相同的先装拔出法试件也都设置在同一片墙体上。先装拔出法试验过程中进行抹压水泥砂浆面层的操作时，将墙体另一面也同时进行加固施工，分三层抹压水泥砂浆，作为后装拔出法试件。

后装拔出法试件与对应的先装拔出法试件、立方体试块同条件养护 28d 后进行现场检测，试验前用白色涂料对水泥砂浆面层进行涂刷。

2. 试验过程

(1) 布置测点

在每组后装拔出试件（前期选取的 1m×1m 区域的单面墙体）上，采用钢筋探测仪探测出钢筋网分布情况，并将钢筋位置标识出来。然后在每个后装拔出试件上选取 3 个测点，测点位于相应的钢筋网格的中心。相邻测点之间的距离不小于 300mm，防止

测点之间相互干扰。测点离构件边沿保持 100mm 以上距离，为反力支承提供足够的承压空间。

（2）钻孔与清孔

在选取的测点位置用专业钻孔机进行钻孔，为了保证试验精度，钻孔过程中保持钻头轴线与水泥砂浆表面垂直。试验中成孔直径为 18mm。文中锚固端圆盘直径为 14mm，主杆直径为 6mm，成孔直径比锚固件略大，从而有足够空间让锚固件与锚固胶充分粘结。钻孔的深度为 30mm，当锚固件完全放入孔底时锚固深度正好为 30mm，与试验方案确定的水泥砂浆面层厚度相等，即破坏面发生在水泥砂浆面层内，不受墙体基层影响。

孔壁内残留的粉尘会降低锚固胶与砂浆的粘结效果。钻孔完成后首先用毛刷将孔内残留的大部分粉尘碎屑清除出来，然后用吹尘球将孔壁上附着的灰尘清理干净，以保证锚固胶的锚固效果，防止拔出试验时锚固件发生滑移。

（3）注胶与锚固

清孔完成后，向孔内缓慢注入锚固胶至胶体从孔内溢出，以确保孔内胶体饱满。锚固件与孔壁水泥砂浆通过锚固胶粘结，后装拔出法试验过程中锚固胶起到传力作用，因此注入锚固胶的操作步骤对锚固效果和试验结果有重要影响[25]。

锚固胶为半流动状态胶黏体，注胶完成后及时安放锚固件，以防止胶体从孔内流出。锚固过程与先装拔出法类似，先将锚固件与固定架连接，然后将锚固件缓慢旋入孔内，确保锚固件与锚固胶充分粘结。锚固件旋入孔内后，调节活动杆长螺丝，使锚固件与测试面垂直，并及时将固定架固定在墙面上，如图 2-25 所示。本书试验所采用的锚固胶工作性能好、固化时间短、固化后强度高，采用配套的注胶枪使用，操作快速简便，本书后装拔出法测点的注胶工作能很短时间内完成。

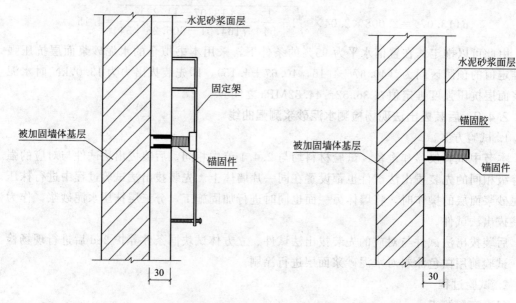

图 2-25　注胶与安放锚固件示意图（单位 mm）　　图 2-26　拆除固定架示意图（单位 mm）

（4）养护

后装拔出法试验进行时，施工现场环境温度较高，对于注胶完成的试件，无需特殊条件养护。

需要说明的是，本书试验与现场施工过程同步进行，由于后装拔法试验采用的锚固胶胶体固化时间约 2d，拔出法试件养护到 26d 时，就可以开始后装拔出法试验的布置测点、钻孔与清孔、注胶与锚固的工作。这样就能保证胶体固化可以测试后装拔出力时，先装拔出法试件、立方体试块与后装拔出法试件都同时达到了 28d 龄期。锚固胶固化达到强度以后，即可拆除固定架（图 2-26）。拆除固定架时，通过检查注胶孔外观可以初步判断注胶质量，对于出现明显注胶不饱满，甚至在拆除固定架过程中就发现锚固件松动的测点，应当舍弃该测点，并在试件上重新选取测点进行补测。

（5）测试拔出力

拆除固定架以后可以直接安装拔出仪并测试后装拔出力（图 2-27）。安装拔出仪的具体操作过程与第 2.4.1 节先装拔出法试验中测试拔出力的步骤相同。

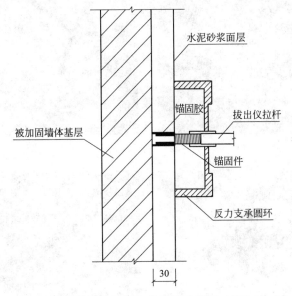

图 2-27　后装拔出法拔出仪安装示意图（单位 mm）

后装拔出法现场试验的主要操作流程如图 2-28 所示。

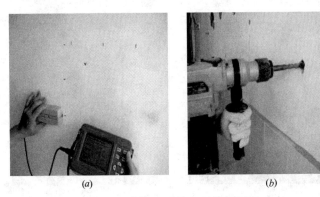

（a）　　　　　　　　　　　　（b）

图 2-28　后装拔出法的主要操作流程（一）

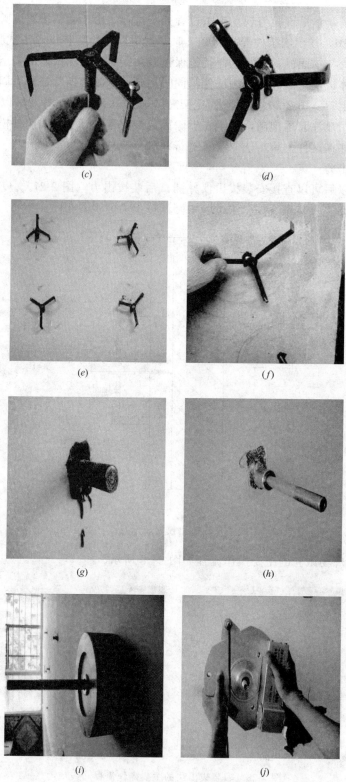

图 2-28　后装拔出法的主要操作流程（二）

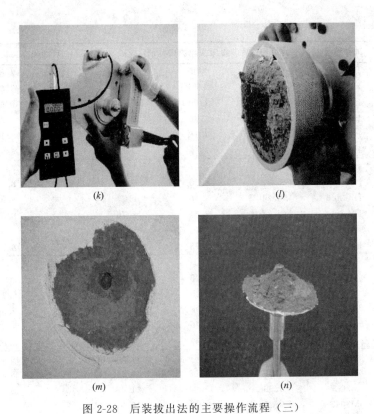

(k)　　　　　　　　　　　　(l)

(m)　　　　　　　　　　　　(n)

图 2-28　后装拔出法的主要操作流程（三）

（a）探测钢筋网位置；（b）选取测点钻孔；（c）连接锚固件和固定架；
（d）注胶与锚固；（e）单组后装拔出法试件制作完成；（f）拆除固定架；
（g）单个测点的锚固件；（h）连接拔出仪拉杆；（i）套上反力支承圆环；
（j）安装拔出仪主机；（k）施压并读数；（l）拔出破坏体；（m）测点处破坏面；
（n）后装拔出法试验破坏体

（6）立方体抗压强度试验

因本试验与 2.4.1 节试验同步进行，立方体抗压强度试验在 2.4.1 节已有详细说明，在此不作赘述。

3. 试验结果

（1）后装拔出法现场试验结果

每个后装拔出试件共埋设了 3 个锚固件，将测得的 3 个极限拔出力数据汇总，见表 2-6。取 3 个极限拔出力的均值作为本组水泥砂浆的后装拔出力代表值。

后装拔出法试验结果汇总　　　　　　　　　　　　　　　　　表 2-6

强度等级	试件编号	后装极限拔出力(kN)			后装拔出力代表值(kN)
M10	HZ 10-1	6.16	6.39	6.63	6.39
	HZ 10-2	5.99	6.11	6.28	6.13
	HZ 10-3	5.36	6.18	7.01	6.18
	HZ 10-4	5.67	6.15	6.80	6.21
	HZ 10-5	5.53	5.68	6.39	5.87
	HZ 10-6	5.82	6.05	6.34	6.07

强度等级	试件编号	后装极限拔出力（MPa）			后装拔出力代表值（MPa）
M15	HZ 15-1	7.58	7.95	8.11	7.88
	HZ 15-2	7.07	7.46	8.25	7.59
	HZ 15-3	6.17	7.20	7.39	6.92
	HZ 15-4	6.70	7.40	7.95	7.35
	HZ 15-5	6.43	7.18	7.83	7.15
	HZ 15-6	6.17	7.13	7.56	6.95
M20	HZ 20-1	7.42	7.87	8.21	7.83
	HZ 20-2	8.22	8.70	9.58	8.83
	HZ 20-3	8.24	8.66	9.71	8.87
	HZ 20-4	7.38	8.01	8.76	8.05
	HZ 20-5	7.59	8.15	8.50	8.08
	HZ 20-6	8.42	8.78	9.10	8.77
M25	M25-1	9.57	10.10	10.47	10.05
	M25-2	8.84	9.78	10.53	9.72
	M25-3	8.67	9.25	9.71	9.21
	M25-4	8.66	9.04	9.58	9.09
	M25-5	9.10	9.70	9.92	9.57
	M25-6	7.74	8.89	9.03	8.55
M30	M30-1	9.08	10.46	11.93	10.49
	M30-2	9.50	10.08	10.14	9.91
	M30-3	9.69	11.34	11.48	10.84
	M30-4	9.21	9.63	10.01	9.62
	M30-5	10.11	10.48	11.50	10.70
	M30-6	9.80	10.39	10.88	10.36
M35	M35-1	10.22	10.29	11.19	10.57
	M35-2	11.19	11.23	11.42	11.28
	M35-3	10.12	10.97	12.33	11.14
	M35-4	9.78	11.05	11.39	10.74
	M35-5	10.29	10.80	12.14	11.08
	M35-6	10.85	12.15	12.36	11.79
M40	M40-1	11.40	12.05	12.38	11.94
	M40-2	11.66	12.41	12.76	12.28
	M40-3	10.95	11.62	12.50	11.69
	M40-4	11.83	12.19	12.25	12.09
	M40-5	11.27	12.28	13.35	12.30
	M40-6	12.25	12.37	12.51	12.38
M45	M45-1	12.17	12.47	13.51	12.72
	M45-2	12.82	13.40	13.73	13.32
	M45-3	11.78	13.63	13.85	13.09
	M45-4	12.80	12.92	13.42	13.05
	M45-5	10.97	12.68	13.71	12.45
	M45-6	13.24	13.24	15.02	13.83
M50	M50-1	13.89	14.00	14.18	14.02
	M50-2	13.67	14.05	14.79	14.17
	M50-3	12.94	13.52	14.40	13.62
	M50-4	13.04	14.58	14.77	14.13
	M50-5	13.53	13.80	15.12	14.15
	M50-6	14.24	14.33	14.65	14.41

（2）立方体抗压强度试验结果

详见 2.1 节表 2-3。

4. 回归分析

（1）试验数据汇总

各组试件的后装拔出力代表值及相应的立方体试块抗压强度代表值见表 2-7。

后装拔出法现场检测水泥砂浆抗压强度试验数据汇总　　　　表 2-7

强度等级	试验分组	后装拔出力代表值 F（kN）	对应的立方体试块抗压强度代表值 $f_{m,cu}$（MPa）
M10	HZ 10-1	6.91	9.27
	HZ 10-2	7.06	10.51
	HZ 10-3	6.67	10.32
	HZ 10-4	7.62	10.87
	HZ 10-5	6.74	10.62
	HZ 10-6	7.62	9.61
M15	HZ 15-1	7.96	14.62
	HZ 15-2	8.25	16.66
	HZ 15-3	8.75	14.88
	HZ 15-4	7.99	15.52
	HZ 15-5	8.37	16.78
	HZ 15-6	8.11	14.53
M20	HZ 20-1	9.51	20.52
	HZ 20-2	9.57	20.48
	HZ 20-3	9.25	21.92
	HZ 20-4	9.49	19.82
	HZ 20-5	9.22	18.25
	HZ 20-6	9.67	20.16
M25	M25-1	10.82	26.83
	M25-2	9.82	23.00
	M25-3	10.65	25.62
	M25-4	10.11	25.55
	M25-5	10.38	24.86
	M25-6	10.71	23.19
M30	M30-1	11.29	29.05
	M30-2	10.89	29.84
	M30-3	11.43	28.54
	M30-4	11.36	29.80
	M30-5	10.98	28.14
	M30-6	11.28	31.73
M35	M35-1	12.69	34.19
	M35-2	11.87	34.44
	M35-3	12.52	33.55
	M35-4	12.08	33.28
	M35-5	12.47	34.45
	M35-6	11.92	34.61

强度等级	试验分组	后装拔出力代表值 F(kN)	对应的立方体试块抗压强度代表值 $f_{m,cu}$(MPa)
M40	M40-1	12.78	39.55
	M40-2	12.65	38.60
	M40-3	13.07	40.67
	M40-4	13.55	38.41
	M40-5	13.45	37.19
	M40-6	13.25	39.25
M45	M45-1	13.75	43.91
	M45-2	13.81	44.71
	M45-3	13.51	45.09
	M45-4	14.36	44.88
	M45-5	14.04	43.83
	M45-6	13.87	46.18
M50	M50-1	15.61	47.95
	M50-2	14.55	49.99
	M50-3	15.40	49.40
	M50-4	14.60	47.48
	M50-5	15.68	49.39
	M50-6	16.27	51.89

（2）一阶模型的建立

利用最小二乘法原理，建立一元线性回归模型对后装拔出力和水泥砂浆立方体抗压强度代表值进行回归分析。

参照文献[23-24]的计算方法，将试验所得的 54 组构件先装拔出力和立方体抗压强度带入式(2-2)、式(2-3) 得：

$$\hat{\beta}'_1 = 4.90 \qquad \hat{\beta}'_2 = -20.35$$

所得的后装拔出法现场检测水泥砂浆面层抗压强度的回归方程式为

$$f_{m,c2} = 4.90F_2 - 20.35(F_2 > 4.15) \tag{2-11}$$

其中，自变量和因变量的下标"2"表示该参数为拟合后装拔出法测强曲线所采用的参数，以便与本书第 2.4.1 小节所述先装拔出法曲线的变量下标区分开。

水泥砂浆后装拔出力与立方体抗压强度关系曲线如图 2-29 所示。

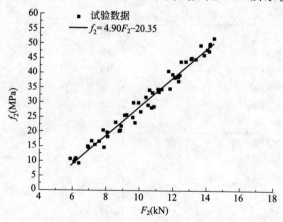

图 2-29　水泥砂浆后装拔出力与立方体抗压强度关系曲线

（3）回归直线的拟合优度

根据上一节拟合的后装拔出法回归方程，依次计算出各个立方体抗压强度代表值（观测值）对应的后装拔出法水泥砂浆强度换算值（拟合值），汇总结果见表 2-8。

后装拔出法拟合值与试验数据对比　　　　　　　　表 2-8

强度等级	$f_{m,c2}$(MPa)	$f_{m,cu}$(MPa)	$f_{m,cu} - f_{m,c2}$(MPa)
	10.98	9.27	−1.71
	9.67	10.51	0.84
	9.95	10.32	0.38
M10	10.06	10.87	0.81
	8.40	10.62	2.22
	9.39	9.61	0.22
	18.26	14.62	−3.64
	16.86	16.66	−0.20
	13.56	14.88	1.32
M15	15.67	15.52	−0.15
	14.67	16.78	2.11
	13.72	14.53	0.81
	18.03	20.52	2.48
	22.93	20.48	−2.45
	23.11	21.92	−1.19
M20	19.10	19.82	0.73
	19.24	18.25	−0.99
	22.61	20.16	−2.45
	28.88	26.83	−2.05
	27.26	23.00	−4.26
	24.78	25.62	0.84
M25	24.21	25.55	1.35
	26.56	24.86	−1.70
	21.56	23.19	1.63
	31.05	29.05	−2.00
	28.19	29.84	1.65
	32.75	28.54	−4.21
M30	26.77	29.80	3.03
	32.06	28.14	−3.92
	30.40	31.73	1.34
	31.43	34.19	2.76
	34.92	34.44	−0.48
	34.22	33.55	−0.67
M35	32.28	33.28	1.01
	33.93	34.45	0.53
	37.40	34.61	−2.80
	38.17	39.55	1.38
	39.81	38.60	−1.21
	36.93	40.67	3.74
M40	38.89	38.41	−0.48
	39.92	37.19	−2.73
	40.30	39.25	−1.05

强度等级	$f_{m,c2}$(MPa)	$f_{m,cu}$(MPa)	$f_{m,cu}-f_{m,c2}$(MPa)
M45	41.96	43.91	1.95
	44.90	44.71	−0.19
	43.77	45.09	1.31
	43.58	44.88	1.30
	40.67	43.83	3.16
	47.43	46.18	−1.25
M50	48.36	47.95	−0.42
	49.08	49.99	0.91
	46.39	49.40	3.01
	48.89	47.48	−1.40
	48.99	49.39	0.40
	50.24	51.89	1.65

注：$f_{m,c2}$为根据后装拔出法回归方程得到的水泥砂浆强度换算值（拟合值）；$f_{m,cu}$为水泥砂浆立方体抗压强度（观测值）

1）回归平方和：

$$SSR = \sum_{i=1}^{n}(f_{m,c1i}-\overline{f_{m,cu}})^2 = 8324.36$$

2）残差平方和：

$$SSE = \sum_{i=1}^{n}(f_{m,cui}-f_{m,c1i})^2 = 209.26$$

3）总离差平方和：

$$SST = SSR + SSE = \sum_{i=1}^{n}(f_{m,cui}-\overline{f_{m,cu}})^2 = 8533.62$$

$$R^2 = \frac{SSR}{SST} = \frac{\sum_{i=1}^{n}(f_{m,c1i}-\overline{f_{m,cu}})^2}{\sum_{i=1}^{n}(f_{m,cui}-\overline{f_{m,cu}})^2} = \frac{8324.36}{8533.62} = 0.9755$$

R^2 接近 1，说明各数据点接近回归直线，后装拔出法回归直线的拟合优度高。

（4）假设检验

1）模型整体检验

对本节得到的后装拔出法回归式(2-11)采用 F 检验：

建立统计假设 H_0：$\hat{\beta}_1'=0$，

$$n = 54$$
$$SSR = 8324.36$$
$$SSE = 209.26$$
$$SST = 8533.62$$

$$F = \frac{SSR/1}{SSE/(n-2)} = \frac{8324.36/1}{209.26/(54-2)} = 2068.56$$

查 F 分布表得

$$F_{0.01}(1,52) = 7.17$$

$F > F_{0.01}$，说明假设 $\hat{\beta}'_1 = 0$ 不成立，检验结果表明后装拔出法回归方程中自变量与因变量之间线性关系显著且稳定。

2）回归系数检验

对本节得到的后装拔出法回归式(2-11)采用 t 检验：

总体方差未知，样本容量较小，建立统计假设 H_0：$\hat{\beta}'_1 = 0$，

取检验水平 $\alpha = 0.05$ 时，

$$n = 54$$

$$\sigma^2 = \frac{\sqrt{SSE}}{n-2} = \frac{\sqrt{209.26}}{54-2} = 0.2782$$

$$SE(\hat{\beta}'_1) = \frac{\sigma}{\sqrt{\sum_{i=1}^{n}(F_{2i}^2)}} = \frac{0.5274}{5977.86} = 8.823 \times 10^{-5}$$

$$t = \frac{\hat{\beta}'_1}{SE(\hat{\beta}'_1)} = \frac{4.90}{8.823 \times 10^{-5}} = 55536.7$$

$$t_{\frac{\alpha}{2}}(n-2) = t_{\frac{0.05}{2}}(54-2) = t_{0.025}(52) = 2.008$$

$$t_{\frac{\alpha}{2}}(n-2) < t$$

故认为回归方程对应的解释变量后装拔出力对被解释变量水泥砂浆抗压强度有显著的影响。

（5）特定后装拔出力条件下水泥砂浆抗压强度个别值的区间估计

采用后装拔出法对水泥砂浆进行现场检测时，水泥砂浆抗压强度推定值 f_0 在置信水平 $1-\alpha$ 下的预测区间可以表示为 $(\hat{f}_0 - \delta(F_0), \hat{f}_0 + \delta(F_0))$。

以 HZ30-3 组为例，该组试件测得的后装拔出力 F_0 为 11.43kN，根据回归方程计算得到的水泥砂浆抗压强度推定值为 32.75MPa。

取检验水平 $\alpha = 0.05$ 时，

$$n = 54$$

$$t_{0.025}(54-2) = 2.008$$

$$\hat{\sigma} = \sqrt{\frac{1}{54-2}\left(8541.02 - \frac{1699.6^2}{346.7}\right)} = 2.00$$

$$\delta(F_0) = 2.008 \times 2 \times \sqrt{1 + \frac{1}{54} + \frac{(11.43-10.21)^2}{346.7}} = 4.06$$

由此可以推定，在置信水平为 95% 的条件下，采用本书拟合的水泥砂浆抗压强度推定值的预测区间为 (32.75-4.06，32.75+4.06)，即后装拔出力为 11.43kN 时水泥砂浆抗压强度推定值在 28.69～36.81MPa 之间。

2.5　拔出法检测水泥砂浆强度与检测混凝土强度测强曲线比较

我国《后装拔出法检测混凝土强度技术规程》CECS69：94 早在 1994 年开始实施，由中国建筑科学研究院和哈尔滨工业大学等单位全面修订的《拔出法检测混凝土强度技术

规程》CECS 69—2011 也已颁布实施，原 1994 版规程废止。同时，根据不同地区所选用材料性质的差异，也建立了许多地方专用测强曲线。经过湖南大学等单位一系列的理论和试验研究，《拔出法检测水泥砂浆和纤维水泥砂浆强度技术规程》CECS389—2014 也已颁布实施。将两本规程中关于混凝土和水泥砂浆的先装及后装法测强曲线进行比较。

不同测强曲线比较 表 2-9

试验方法	材料	试验装置	回归方程	线性相关系数	相对标准差(%)
先装拔出法	混凝土	圆环支承	①$f_c=1.28F-0.64$	0.980	10.29
	水泥砂浆	圆环支承	②$f_m=4.83F-24.47$	0.987	9.62
后装拔出法	混凝土	圆环支承	③$f_c=1.55F+2.35$	0.970	10.95
	水泥砂浆	圆环支承	④$f_c=4.90F-20.35$	0.988	8.45
	混凝土	三点支承	⑤$f_c=2.75F-11.54$	0.970	8.20

通过对表 2-9 和图 2-30 的对比分析，得出以下结论：

（1）曲线 1 与曲线 3 的斜率非常接近，同样，曲线 2 和曲线 4 也属于同样的情形。说明不管是水泥砂浆还是混凝土采用拔出法进行强度测试时，先装法（预埋法）与后装法的拔出力跟抗压强度之间的关系具有相似性，即采用的方法对测试结果没有影响。

（2）曲线 2 在曲线 1 的上方，曲线 4 在曲线 3 的上方，即强度等级相同的情况下，混凝土所需的拔出力均比砂浆所需的拔出力大。这主要是因为混凝土中粗集料的存在能阻挡裂缝的扩展，同时，粗集料和细集料相互之间形成嵌锁结构，增加了混凝土的密实度和稳定性，从而使得拔出力的结果产生了一定差异。

（3）比较曲线 3 和曲线 5，可以看出，当混凝土强度等级较小时（约小于 20MPa），对于同等强度等级的混凝土，圆环式支承所需的拔出力要小于三点式支承；当混凝土强度等级较大时（约大于 20MPa），圆环式支承所需的拔出力要大于三点式支承。可见三点式支承可以扩大拔出装置的检测范围，规程 CECS69：2011 提出由于圆环式拔出仪精度较高，当粗骨料最大粒径不大于 40mm 时，宜优先采用圆环式拔出法检测装置，即在采用后装拔出法测试水泥砂浆抗压强度时应采用圆环式支承。

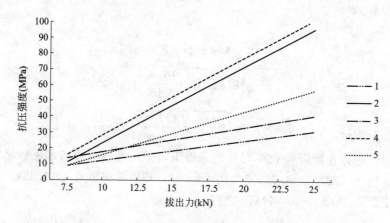

图 2-30　不同测强曲线比较

1—混凝土/圆环支承（先装）；2—水泥砂浆/圆环支承（先装）；3—混凝土/圆环支承（后装）；

4—水泥砂浆/圆环支承（后装）；5—混凝土/三点支承（后装）

2.6 小结

出于安全性和抗震需要，我国有大量的砌体结构房屋需要进行加固处理，砌体结构房屋常见的加固方法包括：增大截面法、钢筋网水泥砂浆面层加固法、外包钢法、外套钢筋混凝土墙法、设置圈梁与构造柱、增设或扩大扶壁柱、窗间墙处增设钢筋混凝土构造柱以及托梁加垫、斜拉筋加固法、FRP加固法、预应力加固法、隔振减震加固法，其中钢筋网水泥砂浆面层加固方法因其经济性及施工简易而获得较大的关注。出于对钢筋网水泥砂浆面层加固的施工质量进行检验的需要，及现有砌体结构砂浆强度检测方法的局限性，本书对采用拔出法检测砌体结构加固薄层的强度进行了研究并分别建立了先装拔出法和后装拔出法检测水泥砂浆强度的测强曲线。通过与拔出法检测混凝土抗压强度的测强曲线进行对比，验证了拔出法在水泥砂浆强度检测中同样适用，且在采用后装拔出法时应采用圆环式支承进行试验。

参考文献

[1] 施楚贤. 砌体结构理论与设计 [M]. 北京：中国建筑工业出版社，2003，2-3.

[2] 周炳章. 砌体结构抗震的新发展 [J]. 建筑结构，2001，32 (5)：69-71.

[3] 卢先军，王毅红，苏东君等. 砌体结构房屋抗震性能评价与加固对策 [J]. 长安大学学报，2004，21 (1)：4-7.

[4] 丁绍祥. 砌体结构加固工程技术手册 [M]. 武汉：华中科技大学出版社，2008，2-16.

[5] Jabarov, M. Strengthening of damaged masonry by reinforced mortar layers. Proceedings of the 7th World Conference on Earthquake Engineering，1980，4 (15)：73-80.

[6] Tso W K，Pollner E，Heidebrecht A C. Cyclic loading of externally reinforced masonry walls. Proceedings of the 5th World Conference on Earthquake Engineering，1973，2 (4)：144-153.

[7] 李明，王志浩. 钢筋网水泥砂浆加固低强度砂浆砖砌体的试验研究 [J]. 建筑结构，2003，33 (10)：34-36.

[8] 徐骋，周浪. 不同方法检测评定砌体结构砂浆强度的对比分析 [J]. 建筑科学：2014，30 (7)：54-58.

[9] 砌体工程现场检测技术标准 GB/T 50315—2011 [S]. 北京：中国建筑工业出版社，2011：40-48.

[10] 白伟亮. 点荷法、筒压法检测砂浆强度试验研究及对比分析 [D]. 天津大学硕士学位论文. 天津：天津大学建筑工程学院，2009，58-59.

[11] 拔出法检测混凝土抗压强度技术规程 CECS 69—2011 [S]. 北京：中国计划出版社，2011：5-12.

[12] 胡晓波，张彦春，孙晓保. 应用后装拔出法检测混凝土强度及对有关问题的思考 [J]. 工业建筑，2000，30 (08)：38-40.

[13] 于天来，耿立伟，张宏祥等. 粗骨料粒径对后装拔出法测试混凝土强度精度的影响 [J]. 中外公路，2010，30 (01)：238-241.

[14] 李静媛. 后装拔出法检测纤维水泥砂浆抗压强度试验研究 [D]. 湖南大学工程硕士学位论文. 长沙：湖南大学土木工程学院，2010，14-38.

[15] 卜良桃，李静媛. 后装拔出法检测聚乙烯醇纤维水泥复合砂浆抗压强度的试验 [J]. 沈阳建筑大学学报（自然科学版），2010，26 (2)：211-215.

[16] 卜良桃，王宇晗，侯琦等. 钢筋网间距对拔出法检测纤维砂浆加固薄层强度影响的试验研究 [J]. 河海大学学报（自然科学版），2013，41 (04)：326-330.

[17] 何瑶. 后装拔出法检测普通水泥砂浆抗压强度试验研究 [D]. 湖南大学工程硕士学位论文. 长

沙：湖南大学土木工程学院，2012，14-17.

[18]　刘晖，侯汝欣，冯玉秋．拉拔法现场测试砌体中砖强度［J］．四川建筑科学研究，1997，（4）：
　　　 48-52.

[19]　张荣成，邱平．后装拔出法检测高强混凝土强度的试验研究［J］．施工技术，1999，28（10）：
　　　 13-15.

[20]　水泥复合砂浆钢筋网加固混凝土结构技术规程 CECS242—2008［S］．北京：中国计划出版
　　　 社，2008.

[21]　曾金平．数值计算方法［M］．长沙：湖南大学出版社，2004，17-58.

[22]　庞皓．计量经济学［M］．北京：科学出版社，2006，16-54.

[23]　谢宇．回归分析［M］．北京：社会科学文献出版社，2010，124-143.

[24]　张忠占，谢田法，杨振海．应用数理统计［M］．北京：高等教育出版社，2011，1-7.

[25]　金南国．检测混凝土强度的胶粘拉拔法可靠性研究［J］．浙江大学学报，1997，31（5）：
　　　 648-654.

第 3 章　先装拔出法检测混凝土基层纤维水泥砂浆加固薄层强度

高性能水泥复合砂浆钢筋网薄层（HPFL）加固法是一种新型的混凝土结构及砌体结构的加固方法，它的基本原理是在混凝土结构或构件上绑扎钢筋网，用高性能水泥复合砂浆薄层起保护和锚固作用，使其共同工作、整体受力，以提高结构或构件承载力和刚度[1,2]。国内外学者对用该种方法加固后的钢筋混凝土梁、柱构件的各种性能做了一系列试验研究[3-6]，研究表明，这种方法不仅能有效提高结构构件的刚度及抗拉、抗压、抗弯和抗剪等方面的性能，而且具有良好的耐久性能及抗裂性能，且基本不增大原结构的重量及几何尺寸。目前已广泛地应用于工程之中，并取得了满意的效果。在实际应用之中应用比较广泛的加固用纤维水泥材料主要包括：聚丙烯纤维水泥砂浆、聚乙烯醇纤维水泥砂浆、钢纤维水泥砂浆等。本书采用先装拔出法，对上述三种纤维水泥砂浆分别进行了拉拔试验，并根据测得的试验数据建立了相应的测强曲线方程。

3.1　聚乙烯醇纤维水泥砂浆加固薄层先装拔出法测强曲线的建立

聚乙烯醇纤维（PVA）是以高聚合度的优质聚乙烯醇（CPVA）为原料纺丝制得的合成纤维，由于其具有抗拉强度和弹性模量高、与波特兰水泥具有良好的化学相容性、与水泥基材间具有良好的界面黏结力等优异性能而被广泛用于增韧水泥基复合材料[7]。试验表明，聚乙烯醇纤维的掺入对砂浆的工作性能有显著的影响：纤维大大改善了水泥基复合材料的阻裂性能，在高温、严寒条件下仍能发挥很好的抗裂效应；纤维在特定掺量下能显著提高砂浆的抗拉强度，从而显著提高其阻裂能力；纤维的掺入尽管对砂浆的抗压强度有所降低，但对抗折强度有较大的贡献，且增强了砂浆的抗冲击性能[8]。本书将从试验方案设计、试验过程、试验结果、数据分析及小结五个部分对聚乙烯醇纤维水泥砂浆加固薄层测强曲线的建立进行详细阐述。

3.1.1　试验方案设计

经过详细的文献研究及方案论证，本书设计的试验方案如下：

被加固原试件尺寸为 300mm×300mm×600mm，采用强度等级为 C15、C20、C30、C40、C50 的素混凝土制作，每个试件预留 3 个标准混凝土试块。

加固层厚度为 30mm，加固聚乙烯醇纤维水泥砂浆均设计了 M20、M30、M40、M50、M60、M70、M80、M90、M100 共九个强度等级，每组纤维水泥砂浆预留 3 个标准砂浆试块。

试验分组见表 3-1。

本次试验所需原材料为：

（1）聚乙烯醇纤维：规格为 Φ0.02mm×8mm；

		对比试验分组及编号		表 3-1
试件编号	混凝土强度	砂浆强度	加固砂浆类型	试件数量
A	C15	M20	聚乙烯醇砂浆	6
B	C20	M30	聚乙烯醇砂浆	6
C	C20	M40	聚乙烯醇砂浆	6
D	C30	M50	聚乙烯醇砂浆	6
E	C30	M60	聚乙烯醇砂浆	6
F	C40	M70	聚乙烯醇砂浆	6
G	C40	M80	聚乙烯醇砂浆	6
H	C50	M90	聚乙烯醇砂浆	6
I	C50	M100	聚乙烯醇砂浆	6

（2）水泥：强度等级为 32.5MPa、42.5MPa 普通硅酸盐水泥（韶峰牌）；

（3）砂：采用中砂，细度模数为 2.3~2.6；

（4）水：自来水；

（5）外加剂 ZM：由长沙市固力实业有限公司提供。

本次试验采用的试验仪器为山东乐陵回弹仪厂生产的 ZH-60 型多功能强度检测仪，采用圆环式拔出法，如图 3-1、图 3-2 所示；压力机为 YA-2000 型电液式压力试验机，由无锡新路达仪器设备有限公司制作，试验仪器最大试验力为 2000kN，与第二章所用压力机为同一设备。

图 3-1　ZH-60 型多功能强度检测仪

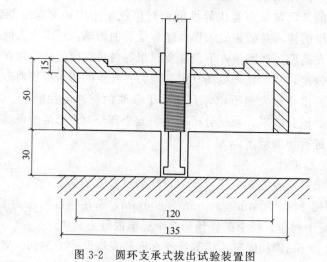

图 3-2　圆环支承式拔出试验装置图

3.1.2　试验过程

（1）制作混凝土原试件

采用标准方法制作混凝土原试件共 54 个（其中 C15 的 6 个，C20、C30、C40、C50 均为 12 个），如图 3-3、图 3-4 所示。养护 28d。

图 3-3　素混凝土试块（1）　　　　　　　　图 3-4　素混凝土试块（2）

（2）原试件表面处理

考虑到界面粗糙度对拔出力影响，同时为保证混凝土与纤维水泥砂浆能够可靠粘结，在抹压砂浆前应对混凝土原试件表面凿毛处理，如图 3-5、图 3-6 所示。

图 3-5　凿毛（1）　　　　　　　　　　图 3-6　凿毛（2）

（3）配置水泥砂浆

按照配合比配置纤维水泥砂浆，其中 M90 和 M100 强度等级的纤维水泥砂浆利用 RPC 制作（合成纤维水泥砂浆的纤维掺入量为 0.4%），称重及搅拌过程如图 3-7、图 3-8 所示。

图 3-7　称量　　　　　　　　　　　　图 3-8　搅拌

（4）安装锚固件

锚固件应在抹压砂浆前利用固定架安放到测点部位，安放锚固件时注意保持与测试面垂直，锚固件装置如图 3-9 所示。

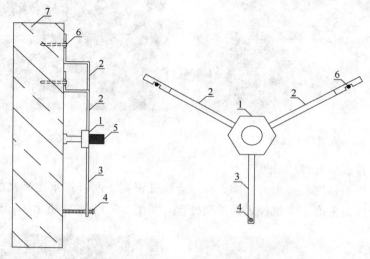

图 3-9　先装拔出法锚固件和固定架安装示意图

1—中心螺母；2—固定杆；3—活动杆；4—活动杆调节螺丝；

5—锚固件；6—钢钉；7—基层

（5）抹压加固层

分两次抹压纤维水泥砂浆加固层，每次抹压砂浆厚度控制在 15mm 左右。先抹压底层砂浆，在锚固件周围底层砂浆终凝前应拆除固定架，然后抹压面层砂浆。

（6）拔出试验

将拉杆与锚固件用螺纹套筒连接，安装反力支撑圆环使之紧贴加固砂浆表面，以保持拉杆与操作面垂直，安装拔出仪器在拉杆上，用紧固螺丝拧紧，旋转摇杆施加拔出力，其速度应控制在 $0.5\sim1.0$kN/s，待测力显示器读数不再增加，停止摇动摇杆，记录极限拔出力。如图 3-10 所示。

（7）立方体标准砂浆试块抗压强度试验

将预留的立方体标准砂浆试块与加固试件置于同条件养护，养护 28d 后，进行立方体试块抗压强度试验，试验仪器为 YA-2000 型电液

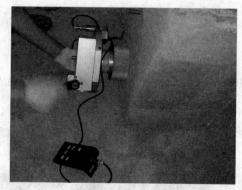

图 3-10　拔出试验

式压力试验机，采用标准试验方法，加荷直至破坏，记录立方体抗压强度代表值。

3.1.3　试验结果

1. 先装拔出法试验数据

每组试件是由 3 个预埋件组成，先装拔出试验后，由测力显示器可得到 3 个极限拔出力，取 3 个极限拔出力的均值作为本组水泥砂浆的拔出力代表值，若三组数据中有一个数据大于中间值的 15%，则取中间值作为极限拔出力试验数据见表 3-2。

强度等级	试件编号	极限拔出力（kN）			拔出力代表值（kN）
M20	Y20-1	7.66	8.01	9.02	8.23
	Y20-2	7.85	8.09	8.42	8.12
	Y20-3	6.86	8.01	8.56	7.81
	Y20-4	7.9	8.5	9.4	8.60
	Y20-5	7.01	7.25	7.88	7.38
	Y20-6	7.82	9.09	9.52	8.81
M30	Y30-1	10.89	11.52	11.91	11.44
	Y30-2	10.35	10.71	10.74	10.60
	Y30-3	10.69	11.83	12.08	11.20
	Y30-4	9.97	10.67	11.37	10.67
	Y30-5	9.64	9.98	10.05	9.89
	Y30-6	9.57	10.63	11.48	10.56
M40	Y40-1	11.69	12.65	13.73	12.69
	Y40-2	11.49	13.33	13.64	12.82
	Y40-3	12.70	13.67	14.16	13.51
	Y40-4	11.48	12.01	12.51	12.00
	Y40-5	12.05	13.11	14.41	13.19
	Y40-6	12.25	12.73	13.21	12.73
M50	Y50-1	13.63	15.26	15.99	14.96
	Y50-2	13.5	13.62	14.02	13.71
	Y50-3	13.69	13.88	14.62	14.06
	Y50-4	13.8	14.24	15.36	14.47
	Y50-5	13.18	14.14	14.02	13.78
	Y50-6	13.84	13.89	14.69	14.14
M60	Y60-1	13.43	13.73	14.78	13.98
	Y60-2	15.13	17.26	17.71	16.70
	Y60-3	14.64	14.90	15.44	14.99
	Y60-4	13.25	13.47	13.69	13.47
	Y60-5	14.47	14.97	15.74	15.06
	Y60-6	14.01	16.14	16.23	15.46
M70	Y70-1	17.79	17.94	18.33	18.02
	Y70-2	16.99	17.53	18.64	17.42
	Y70-3	14.58	16.44	17.71	16.23
	Y70-4	16.58	16.92	17.38	16.96
	Y70-5	18.75	18.85	19.30	18.97
	Y70-6	15.5	15.82	16.14	15.82

强度等级	试件编号	极限拔出力（kN）			拔出力代表值（kN）
M80	Y80-1	13.74	15.49	16.94	15.39
	Y80-2	15.60	17.22	18.24	17.02
	Y80-3	16.66	17.84	18.66	17.72
	Y80-4	18.28	20.37	22.03	20.23
	Y80-5	16.87	16.98	17.12	16.69
	Y80-6	17.57	19.92	20.53	19.34
M90	Y90-1	20.87	21.01	22.70	21.53
	Y90-2	15.87	17.71	18.95	17.51
	Y90-3	16.44	17.72	19.60	17.92
	Y90-4	17.67	19.97	21.40	19.68
	Y90-5	17.52	20.16	20.95	19.54
	Y90-6	15.05	16.31	16.73	16.03
M100	Y100-1	16.78	18.40	20.04	18.41
	Y100-2	15.42	16.27	17.03	16.24
	Y100-3	20.48	20.49	23.47	21.48
	Y100-4	16.20	17.96	18.19	17.45
	Y100-5	17.41	17.90	19.90	18.40
	Y100-6	19.13	19.91	20.75	19.63

2. 立方体抗压强度试验数据

抗压强度试验完成后，每组立方体试块可得到 3 个压力值，通过标准换算公式换算成 3 个抗压强度值，取 3 个抗压强度值的均值为该组聚乙烯醇纤维水泥砂浆立方体试块的抗压强度代表值，具体参照《建筑砂浆基本性能试验方法标准》JGJ/T 70—2009 取值，结果见表 3-3。

立方体抗压强度试验结果   表 3-3

强度等级	试件编号	抗压强度（MPa）			抗压强度代表值（MPa）
M20	Y20-1	19.71	23.70	22.79	22.07
	Y20-2	28.99	26.07	22.82	25.06
	Y20-3	24.74	26.27	28.86	26.62
	Y20-4	28.62	26.33	26.11	27.02
	Y20-5	21.20	24.63	28.35	24.73
	Y20-6	25.04	25.38	23.93	24.78
M30	Y30-1	37.27	32.27	30.24	32.27
	Y30-2	34.85	32.10	29.44	32.10
	Y30-3	33.52	31.74	32.15	32.47
	Y30-4	32.97	33.73	34.75	33.81
	Y30-5	34.52	31.95	37.39	34.62
	Y30-6	34.29	34.09	37.42	35.27

强度等级	试件编号	抗压强度(MPa)			抗压强度代表值(MPa)
M40	Y40-1	39.09	45.68	47.09	43.95
	Y40-2	45.75	48.44	39.09	44.43
	Y40-3	43.80	36.55	44.21	43.80
	Y40-4	41.86	38.05	45.20	41.71
	Y40-5	46.21	41.38	45.23	44.27
	Y40-6	40.88	44.36	45.85	43.69
M50	Y50-1	50.32	55.42	54.94	53.56
	Y50-2	52.17	54.06	52.00	52.74
	Y50-3	47.33	53.69	49.67	50.23
	Y50-4	50.13	56.65	53.07	53.29
	Y50-5	48.93	49.29	53.26	50.49
	Y50-6	50.06	53.48	54.27	52.61
M60	Y60-1	59.38	61.82	64.15	61.78
	Y60-2	59.89	64.75	59.12	61.25
	Y60-3	58.90	60.58	60.19	59.89
	Y60-4	60.06	62.50	58.59	60.39
	Y60-5	56.71	57.32	64.05	59.36
	Y60-6	59.65	64.15	61.58	61.79
M70	Y70-1	67.05	66.34	78.59	67.05
	Y70-2	58.83	79.05	69.03	69.03
	Y70-3	71.09	78.35	71.97	73.80
	Y70-4	70.56	79.60	71.60	73.92
	Y70-5	68.98	67.21	77.57	67.21
	Y70-6	72.56	69.51	71.11	71.06
M80	Y80-1	72.20	65.55	63.75	67.16
	Y80-2	86.97	72.83	83.55	81.12
	Y80-3	81.10	72.76	86.31	80.06
	Y80-4	75.75	86.80	85.19	82.58
	Y80-5	76.53	88.30	75.27	76.53
	Y80-6	89.79	72.20	77.77	77.77
M90	Y90-1	81.32	97.20	88.91	89.14
	Y90-2	96.25	75.96	92.74	92.74
	Y90-3	93.55	95.35	81.87	90.26
	Y90-4	93.59	81.32	95.91	90.28
	Y90-5	80.18	85.10	93.69	86.32
	Y90-6	76.03	87.40	87.35	83.60
M100	Y100-1	85.10	75.41	79.18	79.90
	Y100-2	97.90	85.32	92.47	91.90
	Y100-3	91.85	85.38	95.99	91.07
	Y100-4	94.11	86.14	87.95	89.40
	Y100-5	87.60	72.36	96.04	87.60
	Y100-6	83.83	81.39	86.27	83.83

3.1.4 试验数据分析

国内关于拔出法的研究成果表明，拔出力与立方体抗压强度之间存在很好的线性关系。相关标准 [9] 中也规定，拔出法的测强曲线按最小二乘法原理进行回归分析。拔出法检测聚乙烯醇纤维水泥砂浆强度的试验数据表明：聚乙烯醇纤维水泥砂浆先装拔出力与立方体抗压强度之间存在很好的线性关系，如图 3-11 所示。本书将先装拔出法测得的先装拔出力和立方体抗压强度试验所得的试块抗压强度值汇总计算，选择统计较为简单、结果精确的最小二乘法，对试验数据进行回归分析，参照标准 [9] 中推荐的直线方程形式。

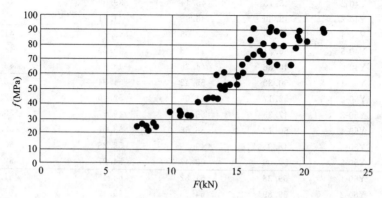

图 3-11　数据初步分析图

1. 建立一阶方程模型

首先，根据标准 [9] 中的回归方程建立一阶模型。回归方程式如下：

$$f_{\mathrm{fm,e}} = a \cdot F + b \tag{3-1}$$

式中　$f_{\mathrm{fm,e}}$——混凝土强度换算值（MPa）；

　　　　F——拔出力（kN）；

　　　　a——测强公式回归系数；

　　　　b——测强公式回归系数。

最小二乘法的基本思想就是希望通过回归分析统计数据，得到一条最佳的拟合曲线，使得这条拟合曲线上各点的值与测量值的平方和在所有拟合曲线中最小。拟合曲线将通过线性方程的形式表示。而线性回归方程的关键就是两个回归系数 a 和 b 的确定，回归系数的确定要保证所有样本数据点都尽量靠近得到的线性回归方程，即要观察值 $f_{\mathrm{m,cui}}$ 与其期望值 $E(f_{\mathrm{fm,ei}} | F=F_i)=b+aF_i$ 的差，$f_{\mathrm{m,cui}}-E(f_{\mathrm{fm,ei}} | F=F_i)=f_{\mathrm{m,cui}}-(b+aF_i)$ 越小越好。为防止差值正负抵消，于是考虑使这 n 个差值的平方和达到最小，即：

$$S_2(a,b) = \sum_{i=1}^{m} \left[f_{\mathrm{m,cui}} - (aF_i + b) \right]^2 \tag{3-2}$$

最小。由微分学知识知，参数 a 和 b 必满足如下一阶必要条件：

$$\frac{\partial S_2(a,b)}{\partial a} = \frac{\partial S_2(a,b)}{\partial b} = 0 \tag{3-3}$$

即

$$\begin{cases} \dfrac{\partial S_2(a,b)}{\partial a} = 2 \sum_{i=1}^{m} \left[(aF_i + b) - f_{\mathrm{m,cui}} \right] = 0 \\[3mm] \dfrac{\partial S_2(a,b)}{\partial b} = 2 \sum_{i=1}^{m} \left[(aF_i + b) - f_{\mathrm{m,cu}} \right] F_i = 0 \end{cases} \tag{3-4}$$

上述方程组解之得

$$a = \frac{\sum (F_i - \bar{F})(f_{m,cui} - \overline{f_{m,cu}})}{\sum (F_i - \bar{F})^2} \tag{3-5}$$

$$b = \overline{f_{m,cu}} - a\bar{F} \tag{3-6}$$

式中　$f_{fm,e}$——纤维水泥砂浆抗压强度推定值（MPa）；

　　　F——拔出力（kN）；

　　a，b——测强公式回归系数；

　　　F_i——第 i 组试件拔出力（kN）；

　　$f_{m,cui}$——第 i 组标准立方体砂浆试块抗压强（MPa）；

　　　$\bar{F}$——拔出力平均值（kN）；

　　$\overline{f_{m,cu}}$——标准立方体砂浆试块抗压强度平均值（MPa）。

对试验数据带入式(3-5)、式(3-6) 得：

$$a = 5.7184, b = -24.6973$$

最终得出聚乙烯醇纤维水泥砂浆测强曲线如图 3-12 所示。

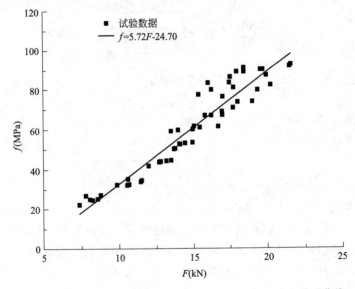

图 3-12　聚乙烯醇纤维水泥砂浆先装拔出力与抗压强度关系曲线

由上述推导公式可得出拟合直线方程：

$$f_{fm,e} = 5.7184 \cdot F - 24.6973 \tag{3-7}$$

2. 拟合优度分析

为检验拟合得到的直线方程是否符合要求，我们还需进行拟合优度分析、显著性检验及误差分析。

（1）相关系数

相关系数 r 反映了两个变量之前线性关系的强弱，相关系数的大小揭示了变量 X 和 Y 间线性相关关系的强弱，相关系数越小代表两个变量间的线性相关关系越弱，线性相关系数 $|r|$ 越接近于 1 则代表两个变量之间的线性相关关系越强，所得到的线性方程越符合

实际情况。

相关系数 r 通过以下公式求出：

$$|r| = \left| \frac{\sum\limits_{i=1}^{n}(F_i - \bar{F})(f_{m,cui} - \overline{f_{m,cu}})}{S_F S_{f_{m,cu}}} \right| \qquad (3-8)$$

式中：S_F、$S_{f_{m,cu}}$——样本标准差，整理试验数据代入式(3-8)计算得出 $r=0.9575$。

（2）平均相对误差 δ

平均相对误差是反映方程值偏离实际值范围的参数：

$$\delta = \pm \frac{1}{n} \sum\limits_{i=1}^{n} \left| \frac{f_{m,cui}}{f_{fm,ei}} - 1 \right| \times 100\% \qquad (3-9)$$

式中：$f_{fm,ei}$——第 i 组试件抗压强度推定值，整理试验数据代入式(3-9)计算得出 $\delta = 9.27\%$。

（3）相对标准差 e_r

相对标准差 e_r 可以衡量回归方程所揭示的规律性强弱，同平均相对误差一样相对标准差越小则线性回归方程越精确。

$$e_r = \sqrt{\frac{\sum\limits_{i=1}^{n}(f_{m,cui}/f_{fm,ei} - 1)^2}{n-1}} \times 100\% \qquad (3-10)$$

整理试验数据，代入式(3-10)计算可以得出 $e_r = 11.56\%$。该计算值小于《规程》[2]所设定的相对标准差 12%。

（4）剩余标准差 s

剩余标准差表达式为：

$$s = \sqrt{\frac{1}{n-2}\sum\limits_{i=1}^{n}(f_{m,cui} - f_{fm,ei})^2} \qquad (3-11)$$

整理试验数据代入式(3-11)计算得出 $s=6.43$。

有以上相关性分析我们可以看出，在聚乙烯醇纤维水泥砂浆先装拔出法检测强度试验中，先装拔出力和聚乙烯醇纤维水泥砂浆抗压强度之间相关系数接近于 1，说明两者之间的线性相关性良好，其平均误差、相对标准差、剩余标准差均较小，相对标准差 e_r 小于 12%，满足《规程》[9]要求。

（5）一元回归方程拟合优度评价

拟合优度，可用来评价拟合直线是否符合实际情况，即指我们试验得到的样本观测值在样本拟合直线周围聚集的紧密程度。可决系数 R^2 是判断回归模型拟合程度好坏的最常用的指标，又称判定系数、确定系数，R^2 的取值范围是 $[0,1]$。R^2 的值越接近 1，说明回归直线对观测值的拟合程度越好；反之，R^2 的值越接近 0，说明回归直线对观测值的拟合程度越差。

由于 y 的观察值之间存在或大或小的差异，我们把这之间的差异，用观察值 y_i 与其平均值 $\bar{y}$ 的偏差平方和来表示，称为总离差平方和，记为 SST：

$$SST = \sum\limits_{i=1}^{n}(y_i - \bar{y})^2 \qquad (3-12)$$

将 SST 分解成如下：

$$SST_{总} = \sum_{i=1}^{n}(y_i - \bar{y})^2 = \sum_{i=1}^{n}(y_i - \hat{y}_i + \hat{y}_i - \bar{y})^2$$

$$= \sum_{i=1}^{n}(y_i - \hat{y}_i)^2 + 2\sum_{i=1}^{n}(y_i - \hat{y}_i)(\hat{y}_i - \bar{y}) + \sum_{i=1}^{n}(\hat{y}_i - \bar{y})^2 \quad (3\text{-}13)$$

其中，$\sum_{i=1}^{n}(y_i - \hat{y}_i)(\hat{y}_i - \bar{y}) = 0$ 这样有：

$$\sum_{i=1}^{n}(y_i - \bar{y})^2 = \sum_{i=1}^{n}(y_i - \hat{y}_i)^2 + \sum_{i=1}^{n}(\hat{y}_i - \bar{y})^2 \quad (3\text{-}14)$$

其中：$\sum_{i=1}^{n}(\hat{y}_i - \bar{y})^2$——回归平方和 SSR（regression sum of squares），

$\sum_{i=1}^{n}(y_i - \hat{y}_i)^2$——残差平方和 SSE（residual sum of squares）

即：总偏差＝回归偏差＋剩余偏差，简记为：$SST = SSR + SSE$，若两边同除以 SST 得：

$$\frac{SSR}{SST} + \frac{SSE}{SST} = 1 \quad (3\text{-}15)$$

由上式我们可以看出，在总离差平方和中回归平方和所占的比例直接影响回归效果的好坏，回归平方和所占的百分比越大，越接近于 1，则回归效果越好，拟合优度越高。因此我们就可以得到可决系数 R^2 为：

$$R^2 = \frac{SSR}{SST} = \frac{\sum(\hat{y}_i - \bar{y})^2}{\sum(y_i - \bar{y})^2} \quad (3\text{-}16)$$

根据式(3-16)计算出回归方程 $f_{cu}^c = 5.7184 \cdot F - 24.6973$ 的可决系数 $R^2 = 0.8879$，根据可决系数的定义可以推断出回归方程的拟合程度较高。

3. 一元回归方程的显著性检验

在实际问题中，我们不能判断两个变量之间是否具有线性关系，在求得线性回归方程之前，线性回归模型只是一种假设，尽管这种假设常常是没有根据的，但在求得线性回归方程后，还是需要对回归方程进行统计检验，所谓显著性检验利用样本信息来判断假设是否合理，其原理就是"小概率事件实际不可能性原理"来接受或否定假设。

对拟合直线方程进行显著性检验主要有两种：F 检验和 t 检验，F 检验是针对整个拟合直线方程，而 t 检验则是主要针对直线方程的两个系数的。从检验效果来说，F 检验和 t 检验是等价的。在此，只进行 F 检验。

整个回归方程的显著性检验的步骤：

(1) 提出假设：$H_0: \beta_i = 0$；$H_1: \beta_i$ 不全为 0；

(2) 这里的 F 检验其实就是方差分析的内容，见表3-4；

(3) 给定显著性水平 α，确定临界值 $F_\alpha(1, n-2)$；

(4) 若 $F \geqslant F_\alpha(1, n-2)$，则拒绝 H_0，说明总体回归系数 $\beta_1 \neq 0$，即回归方程是显著的。

方差来源	平方和	自由度	均方	F 值
回归	SSR	1	$MSR = \dfrac{SSR}{1}$	
误差	SSE	$n-2$	$MSE = \dfrac{SSE}{n-2}$	$F = \dfrac{MSR}{MSE}$
总计	SST	$n-1$		

$$SSR = \sum_{i=1}^{n} (f_{\mathrm{fm},ei} - \overline{f_{\mathrm{m,cu}}})^2 = 23703.00 \tag{3-17}$$

$$SSE = \sum_{i=1}^{n} (f_{\mathrm{m,cu}i} - f_{\mathrm{fm},ei})^2 = 2154.68 \tag{3-18}$$

$$F = \frac{SSR}{SSE/(n-2)} = \frac{23703.00}{2154.68/52} = 572.04 \tag{3-19}$$

$\alpha = 0.05$ 时，

$$F_{\alpha}(1, n-2) = F_{0.05}(1,52) = 4.03 \tag{3-20}$$

因为 $F = 917.1477 > F_{\alpha}(1, n-2)$，所以拒绝原假设 H_0，说明总体回归系数 $\beta_1 \neq 0$，即回归方程是显著的。

4. 抗压强度推定值与抗压强度代表值相对误差分析

我们利用先装法测定聚乙烯醇纤维水泥砂浆测强曲线计算得出聚乙烯醇纤维水泥砂浆抗压强度推定值，与聚乙烯醇纤维水泥砂浆标准立方体抗压强度试验得到的砂浆抗压强度代表值进行对比分析，计算结果见表 3-5。

聚乙烯醇纤维水泥砂浆抗压强度推定值与抗压强度代表值误差分析　　　　表 3-5

试验工况	边长 70.7mm 立方体试块抗压强度（MPa）	测强曲线预测抗压强度（MPa）	70.7mm 立方体抗压强度与预测强度相对误差
M20	24.73	22.36	0.1059
	24.78	21.73	0.1403
	26.62	24.96	0.0665
	25.06	24.48	0.0236
	22.07	17.50	0.2611
	27.02	25.68	0.0521
M30	33.81	40.72	−0.1697
	35.27	35.91	−0.0178
	34.62	39.34	−0.1199
	32.47	36.31	−0.1057
	32.27	31.85	0.0131
	32.1	35.68	−0.1003
M40	43.69	47.86	−0.0871
	43.95	48.61	−0.0958
	44.43	52.55	−0.1545
	41.71	43.92	−0.0503
	44.27	50.72	−0.1271
	43.8	48.09	−0.0892

试验工况	边长 70.7mm 立方体 试块抗压强度（MPa）	测强曲线预测 抗压强度（MPa）	70.7mm 立方体抗压强度 与预测强度相对误差
M50	53.56	60.84	−0.1196
	50.23	53.70	−0.0646
	52.74	55.70	−0.0531
	53.29	58.04	−0.0818
	50.49	54.10	−0.0667
	52.61	56.16	−0.0632
M60	59.89	55.24	0.0841
	61.78	70.80	−0.1274
	60.39	61.02	−0.0103
	59.36	52.32	0.1345
	61.79	61.42	0.0060
	61.25	63.70	−0.0384
M70	73.80	78.34	−0.0579
	71.06	74.91	−0.0514
	67.21	68.11	−0.0132
	69.03	72.28	−0.0449
	73.92	83.78	−0.1176
	67.05	65.76	0.0196
M80	77.77	63.30	0.2285
	76.53	72.63	0.0536
	81.12	76.63	0.0585
	82.58	90.98	−0.0923
	67.16	70.74	−0.0506
	80.06	85.89	−0.0678
M90	92.74	98.42	−0.0577
	86.32	75.43	0.1443
	89.14	77.77	0.1462
	90.26	87.84	0.0275
	90.28	87.04	0.0372
	83.6	66.96	0.2485
M100	91.07	80.57	0.1303
	79.9	68.16	0.1722
	91.9	98.13	−0.0634
	83.83	75.08	0.1165
	89.4	80.52	0.1102
	87.6	87.55	0.0005

从计算结果可以看出，相对误差平均值±0.0004，误差范围在允许的范围之内。说明拟合直线方程误差范围较小。

5. 一元线性回归公式的区间预测

对测强曲线进行区间预测是指利用先装拔出试验测得的拔出力来推定对应砂浆抗压强度的范围，先将 $F=F_0$ 代入回归公式，求得 $f_{fm,e}$，它是对 F_0 的点估计。本小节将进行 $f_{fm,e}$ 预测区间的计算。

（1）假定 $\mu=f_{m,cu0}-f_{fm,e0}$，μ 属于正态分布。

μ 的期望 $E_\mu=0$；μ 的方差 $D(\mu)=D(f_{m,cu0})+D(f_{fm,e0})=\sigma^2+D(f_{fm,e0})$

$$D(f_{\mathrm{fm,e0}}) = D[\overline{f_{\mathrm{m,cu}}} + a(F_0 - \overline{F})] = D(\overline{f_{\mathrm{m,cu}}}) + (F_0 - \overline{F})^2 D(a) \qquad (3\text{-}21)$$

$$= \frac{1}{n}\sigma^2 + (F_0 - \overline{F})^2 \frac{\sigma^2}{L_{\mathrm{FF}}}$$

即：
$$D(\mu) = \sigma^2 \cdot \delta_n^2 \qquad (3\text{-}22)$$

式中：

$$L_{\mathrm{FF}} = \sum_{i=1}^{n}(F_i - \overline{F})^2 \ \text{称为} \ F \ \text{的离差平方和；}$$

$$\delta_n^2 = 1 + \frac{1}{n} + \frac{(F_0 - \overline{F})^2}{L_{\mathrm{FF}}};$$

$$\sigma = \sqrt{\frac{\displaystyle\sum_{i=1}^{n}(f_{\mathrm{m},cui} - \overline{f_{\mathrm{m,cu}}})^2 - a\sum_{i=1}^{n}(F_i - \overline{F})(f_{\mathrm{m},cui} - \overline{f_{\mathrm{m,cu}}})}{n-2}}\ 。$$

于是 $\mu \sim N(0, \sigma^2 \cdot \delta_n^2)$，从而 $Z = \dfrac{\mu}{\delta_n \sigma} \sim N(0,1)$

因为
$$\chi^2 = \frac{(n-2)\hat{\sigma}^2}{\sigma^2} \sim \chi^2(n-2) \qquad (3\text{-}23)$$

所以取
$$T = \frac{Z}{\sqrt{\dfrac{\chi^2}{(N-2)}}} = \frac{f_{\mathrm{m},cu0} - f_{\mathrm{fm,e0}}}{\delta_n \sigma} \sim t(n-2) \qquad (3\text{-}24)$$

（2）给定置信度 $1 - \alpha$，使得
$$P\{|T| < t_{\frac{\alpha}{2}}(n-2)\} = 1 - \alpha \qquad (3\text{-}25)$$

（3）则 $f_{\mathrm{m,cu0}}$ 的 $1-\alpha$ 的置信区间为
$$f_{\mathrm{fm,e0}} \pm \delta_n \sigma t_{\frac{\alpha}{2}}(n-2) \qquad (3\text{-}26)$$

一般情况下，取置信区间值为 95%，查表 T 分布表得到：$t_{\frac{\alpha}{2}}(n-2) = 2.007$，则聚乙烯醇纤维水泥砂浆抗压强度换算值 $f_{2,\mathrm{e}}^{\mathrm{m}}$ 的 95% 的预测区间为：
$$(f_{2,\mathrm{e}}^{\mathrm{m}} - 2.007\delta_n\sigma, \ f_{2,\mathrm{e}}^{\mathrm{m}} + 2.007\delta_n\sigma)$$

3.1.5 结论

聚乙烯醇纤维水泥砂浆加固薄层先装拔出法试验主要对不同强度等级的聚乙烯醇纤维水泥砂浆进行了先装拔出试验以及立方体抗压强度试验，通过分析纤维水泥抗压强度与先装拔出力之间的线性关系，拟合得到聚乙烯醇纤维水泥砂浆的测强曲线。

（1）本书通过对聚乙烯醇纤维水泥砂浆进行先装拔出试验、对标准立方体试件进行立方体抗压强度试验，得到聚乙烯醇纤维水泥砂浆用先装拔出法检测抗压强度测强公式为 $f_{\mathrm{cu}}^{\mathrm{c}} = 5.7184 \cdot F - 24.6973$。

（2）对于试验所得测强公式进行相关性以及精度分析得到样本相关系数 $r = 0.9575$，平均相对误差 $\delta = 9.27\%$，相对标准差 $e_{\mathrm{r}} = 11.56\%$，《拔出法检测混凝土强度技术规程》CECS 69—2011 规定允许的相对标准差为 12%，剩余标准差表达式为 $s = 6.43$，分析计算得出测强公式线性关系良好，精度较高。

（3）对测强曲线进行拟合优度的评价，得到样本可决系数 $R^2 = 0.8879$，根据可决系

数的定义可以推断出回归方程的拟合程度较高。

（4）利用方差分析原理进行显著性检验，从分析结果可以看出聚乙烯醇纤维水泥砂浆用先装拔出法检测抗压强度测强公式的显著性较强。

（5）本书试验对试验装置进行了改进，同时对试验操作过程进行了规范，还发明了先装法检测聚乙烯醇纤维水泥砂浆试验锚固件固定装置，效果良好，对于拔出法检测纤维水泥砂浆抗压强度技术规程的制订起到了探索和推动作用。

3.2 聚丙烯纤维水泥砂浆加固薄层先装拔出法测强曲线的建立

聚丙烯纤维是以丙烯聚合得到的等规聚丙烯为原料纺制而成的合成纤维，与其他合成纤维相比具有密度小、强度高、延伸率大、耐久性好、价格低等特点[10]，相关研究[11]表明，在水泥基中加入聚丙烯纤维能增加其抗弯韧性。将聚丙烯纤维掺入普通的水泥砂浆即形成所谓的聚丙烯纤维水泥砂浆。聚丙烯纤维水泥砂浆的性能较为稳定，且由于聚丙烯纤维本身的特性，使得聚丙烯纤维水泥砂浆能在一些有特殊要求的环境得到应用，例如聚丙烯纤维具有表面疏水性，因此特别适用于一些具有防潮抗渗要求的环境；当墙体抹灰时面层选用聚丙烯纤维水泥砂浆，能够明显改善墙体抹灰龟裂的产生；国家正在推广使用的各种新型轻质墙体中掺入聚丙烯纤维，能较大限度地改善这类墙体砂浆面层开裂以及抗渗性能不足等普遍存在的缺点，保证施工质量；聚丙烯纤维的掺入还使得水泥砂浆之间的粘结力得到加强，其稳定性较水泥砂浆得到提高，极大地减少了施工的难度，并减少了原料的流淌损失；聚丙烯纤维在水泥砂浆的掺入，能很好地提高砂浆的抗裂以及抗压性能，这就相当于在水泥砂浆中配置了钢筋，可部分抵消钢筋网或钢丝网的构造作用，对于节约材料，降低施工成本也具有显著效果。由于聚丙烯纤维水泥砂浆的这些优秀性能，使其具有很重要的研究意义[12-15]，而且由于价格较为廉价，使得其在工程中应用越来越广泛。

本节将按照上一节的研究思路，对试验过程及试验结果进行阐述。

3.2.1 试验方案设计

本试验采用聚丙烯纤维水泥复合砂浆，原材料选择如下：

聚丙烯纤维：规格为 $\Phi 0.02mm \times 8mm$，抗拉强度为 1400MPa；

其他材料同 3.1 节聚丙烯纤维水泥砂浆试验。

被加固的原试件尺寸为 $300mm \times 300mm \times 600mm$，采用强度等级为 C15、C20、C30、C40、C50 的素混凝土制作，每个试件预留 3 个标准混凝土试块；

加固层厚度为 30mm，加固聚丙烯纤维水泥砂浆均设计了 M20、M30、M40、M50、M60、M70、M80、M90、M100 共九个强度等级，每组纤维水泥砂浆预留 3 个标准砂浆试块。

试验分组见表 3-6。

对比试验分组及编号 表 3-6

试件编号	混凝土强度	砂浆强度	加固砂浆类型	试件数量
A	C15	M20	聚丙烯醇砂浆	6
B	C20	M30	聚丙烯醇砂浆	6
C	C20	M40	聚丙烯醇砂浆	6
D	C30	M50	聚丙烯醇砂浆	6

试件编号	混凝土强度	砂浆强度	加固砂浆类型	试件数量
E	C30	M60	聚丙烯醇砂浆	6
F	C40	M70	聚丙烯醇砂浆	6
G	C40	M80	聚丙烯醇砂浆	6
H	C50	M90	聚丙烯醇砂浆	6
I	C50	M100	聚丙烯醇砂浆	6

3.2.2 试验过程

试验过程同 3.1.2 节聚乙烯醇纤维水泥砂浆先装拔出法试验。

3.2.3 试验结果

1. 先装拔出试验数据

每组试件是由 3 个预埋件组成，先装拔出试验后，由测力显示器可得到 3 个极限拔出力，取 3 个极限拔出力的均值作为本组水泥砂浆的拔出力代表值，若三组数据中有一个数据大于中间值的 15%，则取中间值作为极限拔出力，试验数据见表 3-7。

先装拔出法试验结果 表 3-7

强度等级	试件编号	极限拔出力(kN)			拔出力代表值(kN)
M20	B20-1	7.08	7.24	7.94	8.42
	B20-2	8.31	9.49	9.61	9.14
	B20-3	7.61	7.68	8.34	8.88
	B20-4	7.25	7.68	8.15	8.69
	B20-5	7.69	8.15	8.85	8.23
	B20-6	7.36	7.56	8.07	8.45
M30	B30-1	9.67	9.95	10.01	9.88
	B30-2	8.32	9.13	9.22	10.23
	B30-3	8.67	9.46	9.83	9.32
	B30-4	9.14	10.07	10.81	10.66
	B30-5	9.37	9.65	9.96	9.66
	B30-6	8.99	9.44	9.88	10.44
M40	B40-1	11.23	12.01	12.37	11.87
	B40-2	10.92	11.96	12.04	12.64
	B40-3	10.98	12.85	13.44	12.42
	B40-4	11.41	11.96	12.98	12.12
	B40-5	11.89	12.49	12.94	12.44
	B40-6	11.99	12.52	12.94	13.02
M50	B50-1	12.44	13.83	14.11	13.46
	B50-2	13.26	13.51	14.66	13.81
	B50-3	13.26	13.63	14.85	13.91
	B50-4	13.44	13.61	14.02	13.69
	B50-5	12.68	13.22	13.76	13.22
	B50-6	13.48	13.87	13.98	13.78
M60	B60-1	14.39	15.42	15.85	15.22
	B60-2	13.94	14.92	15.96	14.94
	B60-3	15.06	15.75	17.06	15.96
	B60-4	15.23	15.94	17.19	16.12
	B60-5	15.07	15.48	16.16	15.57
	B60-6	14.72	15.33	15.82	15.29

强度等级	试件编号	极限拔出力（kN）			拔出力代表值（kN）
M70	B70-1	15.63	16.17	16.88	16.23
	B70-2	16.94	17.47	18.18	17.53
	B70-3	15.39	16.18	16.82	16.13
	B70-4	14.4	15.6	16.16	15.39
	B70-5	15.11	15.67	16.14	15.64
	B70-6	16.53	16.76	19.09	17.46
M80	B80-1	15.85	16.70	17.6	16.72
	B80-2	17.74	17.79	18.56	19.03
	B80-3	15.03	16.72	16.97	16.24
	B80-4	16.76	16.77	17.84	17.12
	B80-5	14.24	15.25	15.67	18.05
	B80-6	15.43	16.87	17.49	18.60
M90	B90-1	16.93	18.81	19.19	18.31
	B90-2	18.18	19.39	20.5	19.36
	B90-3	17.53	18.59	18.65	18.26
	B90-4	18.93	20.09	20.77	19.93
	B90-5	16.49	17.74	19.95	18.06
	B90-6	19.64	19.7	20.25	19.86
M100	B100-1	20.36	20.67	21.02	20.68
	B100-2	18.89	19.76	20.47	18.75
	B100-3	19.01	19.42	20.8	19.74
	B100-4	17.90	18.38	18.56	18.28
	B100-5	19.38	19.98	20.27	19.88
	B100-6	19.02	19.66	19.72	19.47

2. 抗压强度试验数据

抗压强度试验完成后，每组立方体试块可得到 3 个压力值，通过标准换算公式换算成 3 个抗压强度值，取 3 个抗压强度值的均值为该组聚丙烯纤维水泥砂浆立方体试块的抗压强度代表值，具体参照《建筑砂浆基本性能试验方法标准》JGJ/T 70—2009 取值，试验结果见表 3-8。

		立方体抗压强度试验结果			表 3-8
强度等级	试件编号	抗压强度（MPa）			抗压强度代表值（MPa）
M20	B20-1	30.53	33.17	32.50	32.06
	B20-2	29.06	25.46	26.76	29.06
	B20-3	31.53	30.04	31.74	31.10
	B20-4	23.23	30.36	23.66	23.66
	B20-5	22.69	23.27	29.94	23.27
	B20-6	31.41	22.55	24.96	24.96
M30	B30-1	29.37	32.27	38.47	32.27
	B30-2	31.50	34.52	37.38	34.47
	B30-3	28.60	37.38	31.70	31.70
	B30-4	35.44	32.11	32.81	33.45
	B30-5	30.66	31.51	34.40	32.19
	B30-6	33.78	37.38	29.85	33.78

强度等级	试件编号	抗压强度（MPa）			抗压强度代表值（MPa）
M40	B40-1	41.00	45.22	48.16	44.79
	B40-2	43.72	46.71	41.70	44.04
	B40-3	42.26	47.31	45.33	44.97
	B40-4	46.70	49.37	41.32	45.80
	B40-5	40.85	45.43	43.06	43.11
	B40-6	41.41	44.41	44.46	43.43
M50	B50-1	50.72	46.07	56.46	50.72
	B50-2	55.32	53.78	56.63	55.24
	B50-3	52.49	48.85	46.45	49.26
	B50-4	49.48	48.42	53.63	50.51
	B50-5	50.07	53.88	46.45	50.13
	B50-6	46.79	46.40	49.66	47.62
M60	B60-1	63.70	56.59	61.32	60.54
	B60-2	59.26	60.83	60.37	60.15
	B60-3	66.29	58.47	56.72	59.14
	B60-4	62.17	66.08	65.96	64.73
	B60-5	63.45	68.34	64.56	65.45
	B60-6	69.59	64.74	65.85	66.73
M70	B70-1	72.79	71.95	66.18	70.31
	B70-2	62.66	68.85	68.63	66.72
	B70-3	63.79	70.83	64.49	66.37
	B70-4	70.62	77.91	71.37	73.30
	B70-5	65.46	62.83	68.50	65.60
	B70-6	68.48	70.89	69.42	69.60
M80	B80-1	79.56	72.75	80.37	77.56
	B80-2	67.24	63.91	76.96	69.37
	B80-3	89.46	76.00	80.03	81.83
	B80-4	89.50	85.24	81.37	85.37
	B80-5	70.62	77.91	71.37	73.30
	B80-6	85.73	84.92	84.52	85.06
M90	B90-1	77.48	80.71	90.81	83.00
	B90-2	78.16	78.99	91.94	83.03
	B90-3	84.05	86.23	77.14	82.47
	B90-4	92.18	86.91	88.82	89.30
	B90-5	76.04	77.52	82.12	78.56
	B90-6	75.42	88.99	79.14	81.18
M100	B100-1	103.46	83.52	81.71	83.52
	B100-2	77.87	78.84	78.11	78.27
	B100-3	91.69	91.50	90.21	91.13
	B100-4	88.45	74.71	85.14	82.77
	B100-5	74.14	85.09	87.95	82.39
	B100-6	93.44	74.85	84.29	84.19

3.2.4 数据分析

拔出法检测聚丙烯纤维水泥砂浆强度的试验数据表明：聚丙烯纤维水泥砂浆先装拔出力与立方体抗压强度之间存在很好的线性关系，如图 3-13 所示。因此，本节参照上节的方法，用最小二乘法对试验数据进行回归分析，并参照标准[9]中推荐的直线方程形式。

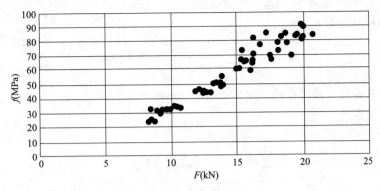

图 3-13　数据初步分析图

1. 建立一阶方程模型

参照 3.1 节，对试验数据带入式(3-5)、式(3-6) 得：
$$a = 5.4659，b = -21.4710$$

最终得出聚丙烯纤维水泥砂浆测强曲线如图 3-14 所示。

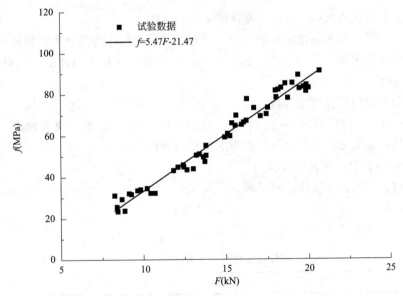

图 3-14　聚丙烯纤维水泥砂浆先装拔出力与抗压强度关系曲线

由上述推导公式可得出拟合直线方程
$$f_{\text{fm,e}} = 5.4659F - 21.4710 \tag{3-27}$$

2. 拟合优度分析

(1) 相关系数

参照 3.1 节，相关系数 r 通过以下公式求出：
$$|r| = \left| \frac{\sum_{i=1}^{n} (F_i - \overline{F})(f_{\text{m,cu}i} - \overline{f_{\text{m,cu}}})}{S_F S_{f_{\text{m,cu}}}} \right| \tag{3-28}$$

式中：S_F、$S_{f_{m,cu}}$——样本标准差，整理试验数据代入式(3-28)，计算得出 $r=0.9850$。

（2）平均相对误差 δ

$$\delta = \pm \frac{1}{n} \sum_{i=1}^{n} \left| \frac{f_{m,cui}}{f_{fm,ei}} - 1 \right| \times 100\% \tag{3-29}$$

整理试验数据代入式(3-29)，计算得出 $\delta=5.43\%$。

（3）相对标准差 e_r

$$e_r = \sqrt{\frac{\sum\limits_{i=1}^{n} (f_{m,cui}/f_{fm,ei} - 1)^2}{n-1}} \times 100\% \tag{3-30}$$

整理试验数据代入式(3-30)，计算可以得出 $e_r=7.67\%$。该计算值小于规范[9]所设定的相对标准差 12%。

（4）剩余标准差 s

$$s = \sqrt{\frac{1}{n-2} \sum_{i=1}^{n} (f_{m,cui} - f_{fm,ei})^2} \tag{3-31}$$

整理试验数据代入式(3-31)，计算得出 $s=3.59$。

可以看出，采用先装拔出法检测纤维水泥砂浆强度，拔出力和纤维水泥砂浆强度之间存在着良好的线性关系，平均误差、相对标准差、剩余标准差和均较小，相对标准差 S_r 小于 12%，满足规范[9]要求。

（5）回归直线的拟合优度分析

根据式(3-16)计算出回归方程 $f_{cu}^c=5.4659 \cdot F - 21.4710$ 的可决系数 $R^2=0.9120$，根据可决系数的定义可以推断出回归方程的拟合程度较高。

3. 一元回归方程的显著性检验

整个回归方程的显著性检验的步骤：

（1）提出假设：H_0：$\beta_i=0$；H_1：β_i 不全为 0；

（2）这里的 F 检验内容，见表3-9；

一元线性回归方程的方差分析表　　　　　　　　　　　　表 3-9

方差来源	平方和	自由度	均方	F 值
回归	SSR	1	$MSR=\dfrac{SSR}{1}$	$F=\dfrac{MSR}{MSE}$
误差	SSE	$n-2$	$MSE=\dfrac{SSE}{n-2}$	
总计	SST	$n-1$		

（3）给定显著性水平 α，确定临界值 $F_\alpha(1,n-2)$；

（4）若 $F \geqslant F_\alpha(1,n-2)$，则拒绝 H_0，说明总体回归系数 $\beta_1 \neq 0$，即回归方程是显著的。

参照 3.1.4 节计算过程，因为 $F=917.1477 > F_\alpha(1,n-2)$，所以拒绝原假设 H_0，说明总体回归系数 $\beta_1 \neq 0$，即回归方程是显著的。

4. 抗压强度推定值与抗压强度代表值相对误差分析

我们利用先装法测定聚丙烯纤维水泥砂浆测强曲线计算得出聚丙烯纤维水泥砂浆抗压强度推定值，与聚丙烯纤维水泥砂浆标准立方体抗压强度试验得到的砂浆抗压强度代表值进行对比分析，计算结果见表 3-10。

聚丙烯纤维水泥砂浆预测抗压强度值与抗压强度代表值相对误差分析　　　表 3-10

试验工况	边长 70.7mm 立方体试块 抗压强度（MPa）	测强曲线预测 抗压强度（MPa）	70.7mm 立方体 抗压强度与预测 强度相对误差
M20	24.96	24.55	0.0167
	32.06	28.48	0.1257
	23.66	27.06	−0.1256
	29.06	26.02	0.1168
	31.1	23.51	0.3228
	23.27	24.71	−0.0582
M30	33.78	32.53	0.0384
	34.47	34.44	0.0008
	31.7	29.47	0.0756
	32.27	36.79	−0.1228
	33.45	31.32	0.0680
	32.19	35.59	−0.0955
M40	43.11	43.40	−0.0066
	43.43	47.61	−0.0878
	45.8	46.41	−0.0131
	44.79	44.77	0.0004
	44.97	46.52	−0.0333
	44.04	49.69	−0.1137
M50	50.72	52.10	−0.0264
	55.24	54.01	0.0227
	50.13	54.55	−0.0810
	49.26	53.35	−0.0766
	50.51	50.78	−0.0053
	47.62	53.84	−0.1155
M60	60.54	61.71	−0.0189
	59.14	60.18	−0.0172
	65.45	65.76	−0.0047
	66.73	66.63	0.0015
	64.73	63.63	0.0172
	60.15	62.10	−0.0314
M70	66.72	67.24	−0.0077
	73.3	74.34	−0.0139
	66.37	66.69	−0.0048
	65.6	62.64	0.0472
	69.6	64.01	0.0873
	70.31	73.96	−0.0493
M80	73.3	69.91	0.0484
	85.37	82.54	0.0342
	77.56	67.29	0.1526
	69.37	72.10	−0.0378
	81.83	77.18	0.0602
	85.06	80.19	0.0607

试验工况	边长 70.7mm 立方体试块 抗压强度（MPa）	测强曲线预测 抗压强度（MPa）	70.7mm 立方体 抗压强度与预测 强度相对误差
M90	83	78.60	0.0559
	89.3	84.34	0.0588
	82.47	78.33	0.0528
	83.03	87.46	−0.0506
	78.56	77.24	0.0170
	81.18	87.08	−0.0677
M100	91.13	91.56	−0.0047
	78.27	81.01	−0.0338
	83.52	86.42	−0.0335
	82.39	78.44	0.0503
	84.19	87.19	−0.0344
	82.77	84.95	−0.0256

从结果可以看出，相对误差平均值±0.0024，误差范围在允许的范围之内。说明拟合直线方程误差范围较小。

5. 线性回归公式的预测区间

(1) 构造随机变量 $\mu = f_{m,cu0} - f_{fm,e0}$，$\mu$ 的分布属于正态分布。

μ 的期望 $E_{\mu} = 0$；μ 的方差 $D(\mu) = D(f_{m,cu0}) + D(f_{fm,e0}) = \sigma^2 + D(f_{fm,e0})$

$$D(f_{fm,e0}) = D[\overline{f_{m,cu}} + a(F_0 - \overline{F})] = D(\overline{f_{m,cu}}) + (F_0 - \overline{F})^2 D(a)$$

$$= \frac{1}{n}\sigma^2 + (F_0 - \overline{F})^2 \frac{\sigma^2}{L_{FF}} \tag{3-32}$$

即：

$$D(\mu) = \sigma^2 \cdot \delta_n^2 \tag{3-33}$$

式中：$L_{FF} = \sum_{i=1}^{n}(F_i - \overline{F})^2$ 称为 F 的离差平方和；$\delta_n^2 = 1 + \frac{1}{n} + \frac{(F_0 - \overline{F})^2}{L_{FF}}$；$\sigma =$

$$\sqrt{\frac{\sum_{i=1}^{n}(f_{m,cui} - \overline{f_{m,cu}})^2 - a\sum_{i=1}^{n}(F_i - \overline{F})(f_{m,cui} - \overline{f_{m,cu}})}{n-2}}$$

于是 $\mu \sim N(0, \sigma^2 \cdot \delta_n^2)$，从而

$$Z = \frac{\mu}{\delta_n \sigma} \sim N(0,1) \tag{3-34}$$

因为

$$\chi^2 = \frac{(n-2)\hat{\sigma}^2}{\sigma^2} \sim \chi^2(n-2) \tag{3-35}$$

所以取

$$T = \frac{Z}{\sqrt{\chi^2/(N-2)}} = \frac{f_{m,cu0} - f_{fm,e0}}{\delta_n \sigma} \sim t(n-2) \tag{3-36}$$

(2) 给定置信度 $1 - \alpha$，使得

$$P\{|T| < t_{\frac{\alpha}{2}}(n-2)\} = 1 - \alpha \tag{3-37}$$

（3）则 $f_{m,cu0}$ 的 $1-\alpha$ 的置信区间为

$$f_{fm,e0} \pm \delta_n \sigma t_{\frac{\alpha}{2}}(n-2) \tag{3-38}$$

一般情况下，取置信区间值为 95%，查表 T 分布表得到：$t_{\frac{\alpha}{2}}(n-2)=2.007$，则聚丙烯纤维水泥砂浆抗压强度换算值 $f_{2,e}^{m}$ 的 95% 的预测区间为：

$$(f_{2,e}^{m}-1.907\delta_n\sigma, \ f_{2,e}^{m}+1.907\delta_n\sigma)$$

3.2.5 结论

聚丙烯纤维水泥砂浆加固薄层先装拔出法试验主要对不同强度等级的聚丙烯纤维水泥砂浆进行先装拔出试验以及立方体抗压强度试验，通过分析纤维水泥抗压强度与先装拔出力之间的线性关系，拟合得到聚丙烯纤维水泥砂浆的测强曲线。

（1）本试验通过对聚丙烯纤维水泥砂浆进行先装拔出试验、对标准立方体试件进行立方体抗压强度试验，得到聚丙烯纤维水泥砂浆用先装拔出法检测抗压强度测强公式为 $f_{cu}^{c}=5.4659 \cdot F-21.4710$。

（2）对于试验所得测强公式进行相关性以及精度分析得到样本相关系数 $r=0.9850$，平均相对误差 $\delta=5.43\%$，相对标准差 $e_r=7.67\%$ [《拔出法检测混凝土强度技术规程》CECS 69—2011 规定允许的相对标准差为 12%]，剩余标准差表达式为 $s=3.59$，分析计算得出测强公式线性关系良好，精度较高。

（3）对测强曲线进行拟合优度的评价，得到样本可决系数 $R^2=0.9120$，根据可决系数的定义可以推断出回归方程的拟合程度较高。

（4）利用方差分析原理进行显著性检验，从分析结果可以看出聚丙烯醇纤维水泥砂浆用先装拔出法检测抗压强度测强公式的显著性较强。

（5）本试验对试验操作过程进行了规范，同时对试验装置进行了改进，发明了先装法检测聚丙烯纤维水泥砂浆试验锚固件固定装置，效果良好，对于拔出法检测纤维水泥砂浆抗压强度技术规程的制订起到了探索和推动作用。

3.3 钢纤维水泥砂浆加固薄层先装拔出法测强曲线的建立

钢纤维水泥砂浆就是在普通水泥中掺入 2% 的镀铜钢纤维经拌合而成，因钢纤维本身具有很高的抗拉强度，钢纤维的掺入大大增强了水泥砂浆的抗拉、抗裂能力，且钢纤维水泥砂浆的材料性能更接近于混凝土，故不会形成材质不相容的隔离层，它比聚乙烯醇和聚丙烯等有机加固材料抗老化、耐久性等更好，它与基材的协调性、相互渗透性更好，且钢纤维水泥砂浆加固方法相较于聚乙烯醇纤维水泥砂浆加固法以及聚丙烯纤维水泥砂浆加固法，其加固后承载力更高，加固效果更为显著。

最早在水泥中掺加钢纤维是出于对构件裂缝控制的考虑，在 20 世纪 80 年代，Swamy. A. N，Spanos. A 首次提出钢丝网水泥的加固概念[16]，Hoff 等也正式开始了钢纤维水泥砂浆加固的试验研究[17-19]。到 2011 年，Tuǧçe Sevil 等提出在水泥中掺加 2%（体积分数）的钢纤维加固效果最好，既保证了加固后承载力以及抗裂等性能的要求，又较为经济[20]。

3.3.1 试验方案

本试验采用钢纤维水泥砂浆，原材料选择如下：

钢纤维：规格为 $\Phi0.02\text{mm}\times8\text{mm}$；

其他材料同第 3.1 节聚乙烯醇纤维水泥砂浆。

被加固的原试件尺寸为 300mm×300mm×600mm，采用强度等级为 C15、C20、C30、C40、C50 的素混凝土制作，每个试件预留 3 个标准混凝土试块；

加固层厚度为 30mm，加固钢纤维水泥砂浆设计了 M20、M30、M40、M50、M60、M70、M80、M90、M100 共九个强度等级，每组纤维水泥砂浆预留 3 个标准砂浆试块。

试验分组见表 3-11。

对比试验分组及编号 表 3-11

试件编号	混凝土强度	砂浆强度	加固砂浆类型	试件数量
A	C15	M20	钢纤维	6
B	C20	M30	钢纤维	6
C	C20	M40	钢纤维	6
D	C30	M50	钢纤维	6
E	C30	M60	钢纤维	6
F	C40	M70	钢纤维	6
G	C40	M80	钢纤维	6
H	C50	M90	钢纤维	6
I	C50	M100	钢纤维	6

3.3.2 拔出试验

试验过程同 3.1.2 聚乙烯醇纤维水泥砂浆。

3.3.3 试验数据

1. 先装拔出试验数据

每组试件是由 3 个预埋件组成，先装拔出试验后，由测力显示器可得到 3 个极限拔出力，取 3 个极限拔出力的均值作为本组水泥砂浆的拔出力代表值，若三组数据中有一个数据大于中间值的 15%，则取中间值作为极限拔出力，试验数据见表 3-12。

先装拔出法试验结果 表 3-12

强度等级	试件编号	极限拔出力(kN)			拔出力代表值(kN)
M20	G20-1	5.22	5.58	5.96	5.59
	G20-2	4.77	4.84	5.09	4.90
	G20-3	5.58	6.21	6.51	6.10
	G20-4	5.34	5.63	6.29	5.75
	G20-5	5.49	5.68	5.89	5.69
	G20-6	5.9	6.73	7.26	6.63
M30	G30-1	10.09	10.49	11.21	10.59
	G30-2	7.35	8.31	8.7	8.12
	G30-3	12.22	13.57	14.32	13.37
	G30-4	10.44	11.34	12.26	11.35
	G30-5	8.64	8.66	8.7	8.67
	G30-6	8.9	9.97	10.23	9.70
M40	G40-1	9.52	10.59	11.68	10.60
	G40-2	9.06	10.16	10.61	9.94
	G40-3	8.5	9.15	9.5	9.05
	G40-4	9.82	10.16	10.42	10.13
	G40-5	7.75	8.1	8.43	8.09
	G40-6	8.83	10.11	10.52	9.82

强度等级	试件编号	极限拔出力(kN)			拔出力代表值(kN)
M50	G50-1	12.98	13.73	14.77	13.83
	G50-2	13.45	14.07	14.28	13.93
	G50-3	13.22	13.92	14.56	13.90
	G50-4	13.89	14.35	15.23	14.49
	G50-5	11.46	12.22	13.25	12.31
	G50-6	12.88	13.33	14.56	13.59
M60	G60-1	16.91	18.8	19.26	18.32
	G60-2	19.58	19.81	21.54	20.31
	G60-3	18.16	19.49	19.83	19.16
	G60-4	14.35	15.58	16.46	15.46
	G60-5	13.8	15.49	16.4	15.23
	G60-6	14.68	15.08	15.5	15.09
M70	G70-1	16.27	17.58	17.98	17.28
	G70-2	17.55	18.93	19.74	18.74
	G70-3	13.76	14.23	14.31	14.10
	G70-4	19.68	21.63	21.98	21.10
	G70-5	15.37	17.08	17.47	16.64
	G70-6	16.23	17.13	17.88	17.08
M80	G80-1	20.47	22.16	23.82	22.15
	G80-2	19.12	21.04	22.93	21.03
	G80-3	20.79	21.72	23.01	21.84
	G80-4	25.55	27.01	28.26	26.94
	G80-5	18.32	20.35	22.4	20.36
	G80-6	20.91	22.64	23.65	22.40
M90	G90-1	19.31	19.68	21.51	20.17
	G90-2	20.93	21.13	23.49	21.85
	G90-3	25.62	25.86	26.1	25.86
	G90-4	19.29	19.89	22.06	20.41
	G90-5	24.99	25.69	26.9	25.86
	G90-6	21.65	22.36	23.05	22.35
M100	G100-1	21.16	21.5	21.81	21.49
	G100-2	22.16	24.01	25.23	23.80
	G100-3	22.56	23.32	24.04	23.31
	G100-4	21.7	22.97	26.01	23.56
	G100-5	21.81	22.23	23.32	22.45
	G100-6	17.32	18.16	19.81	18.43

2. 抗压强度试验数据

抗压强度试验完成后，每组立方体试块可得到 3 个压力值，通过标准换算公式换算成 3 个抗压强度值，取 3 个抗压强度值的均值为该组钢纤维水泥砂浆立方体试块的抗压强度代表值，具体参照《建筑砂浆基本性能试验方法标准》JGJ/T 70—2009 取值，结果见表 3-13。

强度等级	试件编号	抗压强度（MPa）			抗压强度代表值（MPa）
M20	G20-1	27.21	25.30	25.77	26.09
	G20-2	25.27	19.22	19.99	19.99
	G20-3	29.70	21.67	28.69	28.69
	G20-4	24.39	27.54	24.35	25.43
	G20-5	26.47	18.51	27.56	26.47
	G20-6	23.54	25.28	23.67	24.16
M30	G30-1	36.76	31.82	32.82	33.8
	G30-2	33.40	29.07	27.25	29.91
	G30-3	27.98	38.46	30.42	30.42
	G30-4	26.72	33.28	27.35	27.35
	G30-5	38.40	30.42	28.50	30.42
	G30-6	39.67	27.92	31.61	31.61
M40	G40-1	38.85	46.41	42.72	42.66
	G40-2	44.58	39.28	42.63	42.16
	G40-3	41.44	42.52	42.53	42.16
	G40-4	42.53	36.14	41.10	39.93
	G40-5	36.27	45.34	43.24	43.24
	G40-6	38.93	45.34	43.02	42.43
M50	G50-1	55.45	53.03	52.06	53.51
	G50-2	50.14	51.15	54.42	51.91
	G50-3	54.35	50.65	55.56	53.52
	G50-4	55.30	53.04	48.23	52.19
	G50-5	52.18	54.30	55.77	54.08
	G50-6	47.41	47.18	51.92	48.83
M60	G60-1	55.44	59.75	62.26	59.15
	G60-2	61.66	54.20	59.22	58.36
	G60-3	63.24	59.27	60.79	61.1
	G60-4	62.06	59.22	54.20	58.49
	G60-5	55.57	62.15	55.64	57.79
	G60-6	57.81	63.02	57.62	59.48
M70	G70-1	61.76	65.09	65.94	64.26
	G70-2	58.09	64.85	66.67	63.2
	G70-3	83.88	68.22	71.73	71.73
	G70-4	67.49	79.61	65.88	67.49
	G70-5	66.51	66.46	75.87	69.91
	G70-6	66.49	75.56	67.22	69.25
M80	G80-1	81.73	76.80	85.33	79.98
	G80-2	75.13	82.99	83.66	80.60
	G80-3	85.34	88.04	74.15	82.51
	G80-4	76.12	88.78	84.07	82.99
	G80-5	74.92	82.26	75.50	77.56
	G80-6	84.91	86.36	84.31	85.19
M90	G90-1	71.14	83.27	95.06	83.16
	G90-2	72.09	76.38	100.01	76.38
	G90-3	76.09	94.32	85.77	85.39
	G90-4	89.23	75.52	90.59	89.23
	G90-5	94.86	80.70	82.10	85.89
	G90-6	95.70	93.30	93.93	94.31

强度等级	试件编号	抗压强度（MPa）			抗压强度代表值（MPa）
M100	G100-1	101.66	82.91	97.98	97.98
	G100-2	79.03	75.59	88.39	81.00
	G100-3	88.75	86.29	78.38	84.47
	G100-4	98.93	77.09	81.75	81.75
	G100-5	89.56	72.87	92.73	89.56
	G100-6	88.41	94.67	86.69	89.92

3.3.4 回归分析

拔出法检测钢纤维水泥砂浆强度的试验数据表明：钢纤维水泥砂浆先装拔出力与立方体抗压强度之间存在很好的线性关系，如图 3-15 所示。因此，本节也参照 3.1 节，采用最小二乘法对试验数据进行回归分析。

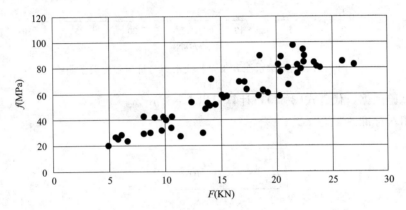

图 3-15　钢纤维水泥砂浆先装拔出力与抗压强度关系曲线

1. 建立一阶方程模型

参照 3.1 节，将试验数据带入式（3-5）、式（3-6）得：

$$a = 3.5007, \quad b = 4.0246$$

最终得出钢纤维水泥砂浆测强曲线如图 3-16 所示。

由上述推导公式可得出拟合直线方程：

$$f_{\text{fm,e}} = 3.5007F - 4.0245 \tag{3-39}$$

2. 拟合优度分析

（1）相关系数

相关系数 r 通过以下公式求出：

$$|r| = \left| \frac{\sum\limits_{i=1}^{n}(F_i - \overline{F})(f_{\text{m,cu}i} - \overline{f_{\text{m,cu}}})}{S_F S_{f_{\text{m,cu}}}} \right| \tag{3-40}$$

整理试验数据，代入式（3-40），计算得出 $r = 0.9850$。

（2）平均相对误差 δ

$$\delta = \pm \frac{1}{n} \sum_{i=1}^{n} \left| \frac{f_{\text{m,cu}i}}{f_{\text{fm,e}i}} - 1 \right| \times 100\% \tag{3-41}$$

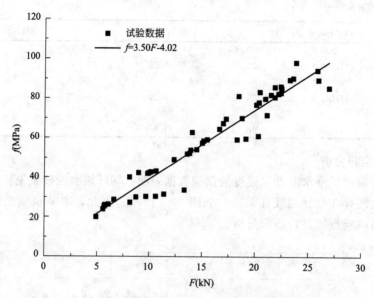

图 3-16　钢纤维水泥砂浆先装拔出力与抗压强度关系曲线

整理试验数据，代入式(3-41)，计算得出 $\delta = 5.43\%$。

（3）相对标准差 e_r

$$e_r = \sqrt{\dfrac{\displaystyle\sum_{i=1}^{n}(f_{m,cui}/f_{fm,ei}-1)^2}{n-1}} \times 100\% \tag{3-42}$$

整理试验数据，代入式(3-42) 可以得出 $e_r = 7.67\%$。该计算值小于《规程》[9]所设定的相对标准差 12%。

（4）剩余标准差 s

$$s = \sqrt{\dfrac{1}{n-2}\sum_{i=1}^{n}(f_{m,cui}-f_{fm,ei})^2} \tag{3-43}$$

整理试验数据，计算得出 $s = 3.59$。

可以看出，采用先装拔出法检测钢纤维水泥砂浆强度，拔出力和纤维水泥砂浆强度之间存在着良好的线性关系，平均误差、相对标准差、剩余标准差均较小，相对标准差 S_r 小于 12%，满足规范[9]要求。

（5）回归直线的拟合优度评价

根据式(3-16)，计算出回归方程 $f_{cu}^c = 3.5007 \cdot F - 4.0245$ 的可决系数 $R^2 = 0.9250$ 根据可决系数的定义可以推断出回归方程的拟合程度较高。

3. 一元回归方程的显著性检验

整个回归方程的显著性检验的步骤：

（1）提出假设：$H_0 : \beta_i = 0$；$H_1 : \beta_i$ 不全为 0；

（2）这里的 F 检验其实就是方差分析的内容，见表 3-14；

方差来源	平方和	自由度	均方	F 值
回归	SSR	1	$MSR=\dfrac{SSR}{1}$	
误差	SSE	$n-2$	$MSE=\dfrac{SSE}{n-2}$	$F=\dfrac{MSR}{MSE}$
总计	SST	$n-1$		

（3）给定显著性水平 α，确定临界值 $F_{\alpha}(1,n-2)$；

（4）若 $F\geqslant F_{\alpha}(1,n-2)$，则拒绝 H_0，说明总体回归系数 $\beta_1\neq 0$，即回归方程是显著的。

因为 $F=917.1477 > F_{\alpha}(1,n-2)$，所以拒绝原假设 H_0，说明总体回归系数 $\beta_1\neq 0$，即回归方程是显著的。

4. 抗压强度推定值与抗压强度代表值相对误差分析

我们利用先装法测钢纤维水泥砂浆测强曲线计算得出钢纤维水泥砂浆抗压强度推定值，与钢纤维水泥砂浆标准立方体抗压强度试验得到的砂浆抗压强度掉标值进行对比分析，计算结果见表 3-15。

钢纤维抗压强度推定值与抗压强度代表值相对误差分析　　　　表 3-15

试验工况	边长 70.7mm 立方体试块 抗压强度（MPa）	测强曲线预测 抗压强度（MPa）	70.7mm 立方体 抗压强度与预测 强度相对误差
M20	24.16	23.59	0.0241
	19.99	21.17	−0.0557
	26.47	25.37	0.0433
	26.09	24.15	0.0803
	25.43	23.94	0.0622
	28.69	27.23	0.0536
M30	30.42	41.09	−0.2596
	27.35	32.44	−0.1569
	33.8	50.82	−0.3349
	31.61	43.75	−0.2774
	29.91	34.37	−0.1297
	30.42	37.98	−0.1990
M40	43.24	41.13	0.0513
	42.43	38.82	0.0929
	42.16	35.70	0.1809
	42.66	39.48	0.0805
	39.93	32.34	0.2346
	42.16	38.40	0.0979
M50	52.19	52.42	−0.0043
	53.52	52.80	0.0136
	53.51	52.68	0.0157
	54.08	54.74	−0.0120
	48.83	47.11	0.0365
	51.91	51.59	0.0062

试验工况	边长 70.7mm 立方体试块 抗压强度（MPa）	测强曲线预测 抗压强度（MPa）	70.7mm 立方体 抗压强度与预测 强度相对误差
M60	59.15	68.16	−0.1321
	61.1	75.12	−0.1866
	59.48	71.09	−0.1633
	58.49	58.14	0.0060
	58.36	57.33	0.0179
	57.79	56.84	0.0167
M70	69.25	64.51	0.0734
	69.91	69.62	0.0041
	63.2	53.38	0.1839
	71.73	77.88	−0.0789
	64.26	62.27	0.0319
	67.49	63.81	0.0576
M80	82.51	81.56	0.0116
	79.98	77.64	0.0301
	80.6	80.47	0.0016
	85.19	98.33	−0.1336
	77.56	75.29	0.0301
	82.99	82.43	0.0067
M90	76.38	74.63	0.0234
	85.39	80.51	0.0606
	89.23	94.55	−0.0562
	83.16	75.47	0.1018
	94.31	94.55	−0.0025
	85.89	82.26	0.0441
M100	81.75	79.25	0.0315
	97.98	87.34	0.1218
	89.56	85.62	0.0460
	89.92	86.50	0.0395
	84.47	82.61	0.0225
	81.01	68.54	0.1817

从结果可以看出，相对误差平均值±0.036，误差范围在允许的范围之内。说明拟合直线方程误差范围较小。

5. 一元线性回归公式的区间预测

本小节将进行 $f_{fm,e}$ 预测区间的计算。

(1) 构造随机变量 $\mu = f_{m,cu0} - f_{fm,e0}$，$\mu$ 的分布属于正态分布，μ 的期望 $E_\mu = 0$；μ 的方差 $D(\mu) = D(f_{m,cu0}) + D(f_{fm,e0}) = \sigma^2 + D(f_{fm,e0})$

$$D(f_{fm,e0}) = D[\overline{f_{m,cu}} + a(F_0 - \overline{F})] = D(\overline{f_{m,cu}}) + (F_0 - \overline{F})^2 D(a)$$

$$= \frac{1}{n}\sigma^2 + (F_0 - \overline{F})^2 \frac{\sigma^2}{L_{FF}} \tag{3-44}$$

即：
$$D(\mu) = \sigma^2 \cdot \delta_n^2 \tag{3-45}$$

式中：$L_{FF} = \sum\limits_{i=1}^{n} (F_i - \overline{F})^2$ 称为 F 的离差平方和；$\delta_n^2 = 1 + \dfrac{1}{n} + \dfrac{(F_0 - \overline{F})^2}{L_{FF}}$；$\sigma =$

$$\sqrt{\dfrac{\sum\limits_{i=1}^{n}(f_{m,cui} - \overline{f_{m,cu}})^2 - a\sum\limits_{i=1}^{n}(F_i - \overline{F})(f_{m,cui} - \overline{f_{m,cu}})}{n-2}}。$$

于是 $\mu \sim N(0, \sigma^2 \cdot \delta_n^2)$，从而 $Z = \dfrac{\mu}{\delta_n \sigma} \sim N(0,1)$

因为
$$\chi^2 = \frac{(n-2)\hat{\sigma}^2}{\sigma^2} \sim \chi^2(n-2) \tag{3-46}$$

所以取
$$T = \frac{Z}{\sqrt{\chi^2/(N-2)}} = \frac{f_{m,cu0} - f_{fm,e0}}{\delta_n \sigma} \sim t(n-2) \tag{3-47}$$

（2）给定置信度 $1-\alpha$，使得 $P\{|T| < t_{\frac{\alpha}{2}}(n-2)\} = 1 - \alpha$ 　(3-48)

（3）则 $f_{m,cu0}$ 的 $1-\alpha$ 的置信区间为 $f_{fm,e0} \pm \delta_n \sigma t_{\frac{\alpha}{2}}(n-2)$ 　(3-49)

一般情况下，取置信区间值为 95%，查表 T 分布表得到：$t_{\frac{\alpha}{2}}(n-2) = 2.007$，则聚丙烯纤维水泥砂浆抗压强度换算值 $f_{2,e}^m$ 的 95% 的预测区间为：

$$(f_{2,e}^m - 2.007\delta_n\sigma, \ f_{2,e}^m + 2.007\delta_n\sigma)$$

3.3.5 结论

钢纤维水泥砂浆加固薄层先装拔出法试验主要对不同强度等级的钢纤维水泥砂浆进行先装拔出试验以及立方体抗压强度试验，通过分析钢纤维水泥抗压强度与先装拔出力之间的线性关系，拟合出钢纤维水泥砂浆抗压强的的测强曲线。

（1）本试验通过对钢纤维水泥砂浆进行先装拔出试验、对标准立方体试件进行立方体抗压强度试验，得到钢纤维水泥砂浆用先装拔出法检测抗压强度测强公式为 $f_{cu}^c = 3.5007 \cdot F - 4.0245$。

（2）对于试验所得测强公式进行相关性以及精度分析得到样本相关系数 $r = 0.9618$，平均相对误差 $\delta = 8.15\%$，相对标准差 $e_r = 11.46\%$（《拔出法检测混凝土强度技术规程》CECS 69—2011 规定允许的相对标准差为 12%），剩余标准差表达式为 $s = 6.23$，分析计算得出测强公式线性关系良好，精度较高。

（3）对测强曲线进行拟合优度的评价，得到样本可决系数 $R^2 = 0.9250$，根据可决系数的定义可以推断出回归方程的拟合程度较高。

（4）利用方差分析原理进行显著性检验，从分析结果可以看出钢纤维水泥砂浆用先装拔出法检测抗压强度测强公式的显著性较强。

（5）本试验同时对试验操作过程进行规范，同时对试验装置进行了改进，同时发明了先装法检测钢纤维水泥砂浆试验锚固件固定装置，效果良好，对于拔出法检测纤维水泥砂浆抗压强度技术规程的制订起到了探索和推动作用。

参考文献

[1] 卜良桃，叶蓁，胡尚瑜. HPF 加固 RC 足尺梁二次受力抗弯试验研究 [J]. 湖南大学学报：自然科学版，2007，34 (3)：15-19.

[2] 卜良桃，叶蓁，周子范等. 钢筋网复合砂浆加固受弯足尺 RC 梁二次受力试验研究 [J]. 建筑结构

学报，2006，27（5）：93-100.

[3] 尚守平，蒋隆敏，张毛心. 钢筋网水泥复合砂浆加固 RC 偏心受压柱的试验研究 [J]. 建筑结构学报，2005，26（2）：17-27.

[4] 尚守平，曾令宏，彭晖等. 复合砂浆钢丝网加固 RC 受弯构件的试验研究 [J]. 建筑结构学报，2003，24（6）：87-91.

[5] 尚守平，曾令宏，彭晖. 钢丝网复合砂浆加固混凝土受弯构件非线性分析 [J]. 工程力学，2005，22（3）：118-125.

[6] 聂建国，王寒冰，张天申等. 高强不锈钢绞线-渗透性聚合砂浆抗弯加固的试验研究 [J]. 建筑结构学报，2005，26（2）：1-9.

[7] SAID. S. H., RAZAK. H. A., OTHMAN. I. Flexural behavior of engineered cementitious composites (ECC) slabs with polyvinyl alcohol fibers [J]. Construct Build Mater, 2015, 75: 176-188.

[8] 王海波. 聚乙烯醇纤维（维纶）增强砂浆性能的研究 [D]. 北京工业大学硕士学位论文，2003，3.

[9] 拔出法检测混凝土强度技术规程 CECS 69-2011 [S]. 中国计划出版社，2011.

[10] 高分子合成材料 [M]. 钟玉昆编. 北京：科学出版社，1982.35-40.

[11] 姚武，马一平，谈慕华，吴科如. 聚丙烯纤维水泥基复合材料物理力学性能研究（Ⅱ）——力学性能 [J]. 建筑材料学报，2000，3（3）：235-238.

[12] 周敏，许红升，李建权等. 聚丙烯纤维增强水泥砂浆的性能研究 [J]. 化学建材，2006，22（02）：31-35.

[13] 姜雪洁. 纤维水泥砂浆力学性能分析 [J]. 建筑技术，2007，38（2）：140-141.

[14] 李博修，陈勇. 聚丙烯纤维砂浆性能分析 [J]. 交通科技与经济，2009，11（2）：7-9.

[15] 马一平，仇建刚，王培铭等. 聚丙烯纤维对水泥砂浆塑性收缩行为的影响 [J]. 建筑材料学报，2005，8（5）：499-507.

[16] Swamy A N, Spanos A. Creep Behavior of Ferrocement Sections. Journal of Ferrocement, 1985, 15（2）：117-129.

[17] Hoff, G. C. Use of steel fiber reinforeced concrete in bridge decks and pavements. NSF-STU Seminar on Steel Fiber Concrete, 1985：67-131.

[18] Fwa, T. F, Paramasivam. Thin steel fiber cement mortar overlay for concrete pavement. Cement and Concrete Compos, 1990, 12（3），175-184.

[19] Ong K. C. G, Paramasivam P, Lim, C. T. E. Flexural strengthening of reinforced concrete beams using ferrocement laminate. Journal of Ferrocement, 1992, 331-342.

[20] Tuǧçe Sevil, Mehmet Baran, Turhan Bilir, et al. Use of steel fiber reinforced mortar for seismic strengthening. Construction and Building Materials, 2011, 25（2）：892-899.

[21] 徐至钧，陈普查. 聚丙烯纤维在土建工程中的应用 [J]. 石油工程建设，2002，28（4）：33-36.

[22] 卜良桃，万长盛. PVA-ECC 加固 RC 足尺梁受弯性能试验研究 [J]. 湖南大学学报（自然科学版），2010，37（01）：6-10.

[23] 拔出法检测混凝土强度技术规程. CECS 69—2001 [S]. 中国计划出版社，1995.

[24] 后装拔出法测定混凝土强度试验研究报告 [R]. 北京市建筑工程研究所，1990，7.

[25] 陈宇峰. 福建省后装拔出法检测混凝抗压强度三点支撑式测强曲线的试验研究 [J]，福建建筑，2007，1.

[26] 陶红艳. 后装拔出法检测桥梁结构混凝土强度的研究 [D]. 东北林业大学硕士学位论文，2007.

[27] 李柯，刘立新. 商品混凝土后装拔出法地方测强曲线的研究 [J]. 郑州大学学报，2002，2.

[28] 金南国. 混凝土拉拔力与抗压强度的相关性及其可靠性研究 [J]. 浙江大学硕士学位论文，1991.

[29]　金南国．检测混凝土强度的胶粘拉拔法可靠性研究［J］．浙江大学学报，1996.11.

[30]　陈光勇．胶粘拔出法检测混凝土强度技术研究及力学分析［D］，浙江大学硕士学位论文，2002.

[31]　宋容光．检测混凝土强度的胀栓拔出法新技术研究［D］．浙江大学硕士学位论文，2004.

[32]　卜良桃，李静援．后装拔出法检测聚乙烯醇纤维水泥复合砂浆抗压强度的试验［J］．沈阳建筑大学学报，2010，26（2）：211-214.

[33]　Kierkegaard-Hansen，P.“Lok-Strength”Nordist Betong（Joumal of the Nordic Concrete Federation）．Stockholm．No. 2，1975.

[34]　Skramtajew. B. G，"termining Strength for Control of concrete in structure" roceeding，Am. Concrete Inst. Vol. 34，pp. 2885. 1938.

[35]　Tremper. B，"Measurement of Concrete Strength by Embedded pull-outbars"，roceeding，47th Annual Meeting，American Society for Testing Materials，1944：880-887.

[36]　Malhotra，V. m，and Carette. G，CoMParision of pullout Strength of Concrete with Compressive Strength of Cylinders and Cores，Pulse Velocity and Rebound Number，Journal of the Amercian Concrete Institute，1980.

[37]　Claus German Petersen B. Sc，M. Sc. LOK-TEST and CAPO-TEST Pullout Testing Twenty Years Experience. In-situ Testing A/S Emdrupvej 102 DK-2400 Copenhagen Denmark.

[38]　张君，居贤春，郭自力．PVA 纤维直径对水泥基复合材料抗拉性能的影响［J］．建筑材料学报，2009，12（6）：706-710.

[39]　林水东，程贤苏，林志忠．PP 和 PVA 纤维对水泥砂浆抗裂和强度性能的影响［J］．混凝土与水泥制品，2005，（1）：18-19.

[40]　邓宗才，薛会青，李朋远．PVA 纤维增强混凝土的弯曲韧性［J］．南水北调与水利科技，2007，5（5）：139-143.

第 4 章　拔出法检测水泥砂浆与纤维水泥砂浆破坏形态及影响因素分析

本书研究的拔出法现场检测水泥砂浆抗压强度试验以大量样本作为支撑，规定了先装拔出法和后装拔出法操作方法，得到准确详实的试验数据。同时，大量样本的分析和对比对相关标准的制订也有重要意义。研究归纳拔出法检测水泥砂浆抗压强度的破坏形态和影响拔出力的因素，能使相关人员有针对性防范造成试验误差的风险，保证试验操作的可靠性和准确性。拔出法检测不同材料测强曲线之间的对比分析，能进一步完善和推广拔出法现场检测水泥砂浆抗压强度技术在实际工程中的应用，而且可以作为相关标准制订的依据。

由于拔出法检测水泥砂浆抗压强度的基本原理是建立在拔出力与水泥砂浆抗压强度的相关关系上，而拔出力与水泥砂浆抗压强度之间的经验关系的建立又以大量试验为基础，试验的过程中砂浆原材料、测试条件、试验装置等因素都会对试验结果造成一定程度的影响。因此，有关拔出法破坏形态与影响因素的分析研究对于后装拔出法检测材料强度技术的推广有着十分重要的意义，也是今后制订相关检测标准的依据。

4.1　混凝土拔出试验破坏形态

20 世纪 30 年代苏联的科学家 Perfilieffc 首先对拔出法进行了探索，不过他仅仅简单的在混凝土中埋入一根 12mm 的钢筋，就开始进行拔出试验，结果因为埋置深度太浅只是将钢筋从混凝土中拔出，钢筋与混凝土之间只是发生了截面滑动破坏，而混凝土本身并未发生破坏。针对 Perfilieffc 试验的不足，I. V. Volf 和 O. A. Ggershberg 同时对试验所用模型进行改进，他们分析 Perfilieffc 试验之所以会失败是因为钢筋与混凝土之间的锚固力不足，因此他们将直钢筋杆的端部设计成凸起形式，这样就增加了钢筋杆与混凝土之间的锚固力，就不会发生 Perfilieffc 试验这种情况，待混凝土结硬后进行拔出试验，最终试件发生锥形混凝土块体破坏，Volf 的试验就是先装拔出法的雏形[1]。

另一位名叫 Skramtajew 的苏联学者在 Volf 试验原理的基础上进行改进，提出了新的试验构想，即在已经硬化的混凝土表面钻孔、放入锚杆并用高强度砂浆填灌密实，待砂浆终凝并与锚杆之间达到足够的粘结强度后再进行拉拔试验，测得拉拔力。在 Skramtajew 的试验中锚固深度为 48mm（包括端头 10mm），球形端头直径为 12mm，被拔出的锥形破坏体夹角近似为 90 度，由于反力环的直径足够大，反力并没有传给锥形破坏体，锥形破坏体的直径在 100mm～120mm 之间。Skramtajew 提出的试验构想中埋设锚固件的步骤可以在混凝土材料成型硬化之后进行检测，拓展了拔出法的使用范围，是后装拔出法的雏形[2]。

在 1959 年，丹麦 Kiekegaard-Hansen[3] 对拔出法进行研究，选用固定的锚固件，并且锚固件的锚头为一个圆盘，直径为 25mm，埋深为 25mm。由于最开始试验选用的反力支承内径过大，导致破坏面非理想中的破坏面，并且试验得到的最大拔出力和混凝土抗压强度之间的关系是非线性的。由于试验结果偏离了试验目的，之后的试验中不断地缩小反力支承的内径，最终确定合理的反力支承内径为 55mm，试验时发现破坏面积减小拔出力反而增大。在合理的反力支承内径下，混凝土破坏机理为抗压破坏，拔出力数值与混凝土抗压强度数值之间有某种线性关系。这就是著名的 LOK 试验。

4.2 先装拔出法破坏形态

4.2.1 普通水泥砂浆先装拔出法破坏形态

现场采用先装拔出法检测普通水泥砂浆，锚固件从水泥砂浆面层中拔出时可能出现以下几种破坏形态：

1. 截顶圆锥体破坏

采用拉拔仪对先装拔出法埋设的锚固件施加拔出力，锚固件连同测点部位周围一定区域内的水泥砂浆从墙体加固面层上拔出。拔出的破坏体如图 4-1(a) 所示。被拔出的水泥砂浆破坏体呈规整的截顶圆锥体，圆锥体底面圆即为反力支承圆环所围成的圆形水泥砂浆面；破坏面从锚固件的锚固端圆盘边缘延伸至反力支承圆环内缘，截顶圆锥体侧面为破坏面。

2. 不规则破坏

锚固件周围水泥砂浆层由于施工因素导致抹压或喷射不够密实，或锚固件周围水泥砂浆层中含有大颗粒骨料及其他杂质时，形成局部薄弱区域。随着拉拔力的增长，水泥砂浆层中的薄弱部位产生局部应力集中，受力面不规则，影响理论破坏面上的应力分布，从而导致锚固件提前从砂浆层中拔出，且破坏面不规则，如图 4-1(b) 所示；或者破坏并不从锚固件的锚固端开始，而仅是砂浆表面破坏。

3. 锚固件变形

锚固件制作时充分考虑了拔出法适用的水泥砂浆强度要求，但在一些情况下可能发生

(a)   (b)

图 4-1　先装拔出法试验破坏形态

(a) 截顶圆锥体破坏；(b) 不规则破坏

锚固件拉伸变形甚至拔断的情况。对于一些钢筋网间距较小的加固工程，钢筋网的存在对拔出力可能产生影响，且锚固件离钢筋网越近，拔出力越大。当锚固件轴线与水泥砂浆表面不垂直时，也会造成局部受压，拔出力偏大和锚固件难以拔出甚至变形。

本书试验中由于钢筋网间距为150mm，大于反力支承圆环外径，且采用了固定架装置来保证锚固件的垂直度，因而未出现锚固件变形的情况。

进行先装拔出法现场试验产生不规则破坏、锚固件变形时，出现这些破坏形态的试件全部弃除，在现场另选墙体进行双面加固，并采用相同方法重新制作、测试先装拔出法试件及其对应的后装拔出法试件和立方体试块。

4.2.2 纤维水泥砂浆先装拔出法破坏形态

通过对纤维水泥砂浆进行先装拔出试验研究，拔出仪通过拉杆向预埋件施加拔出力，拉杆与反力支撑圆环之间的砂浆会产生裂缝，随着裂缝的逐渐发展，最后会被拔出，呈现倒锥形的破坏，部分破坏面如图4-2～图4-7所示。

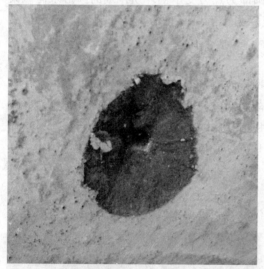

图4-2　砂浆层拔出破坏（1）

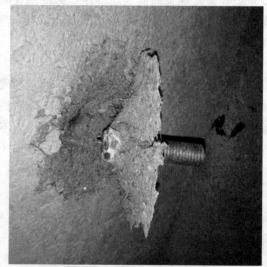

图4-3　砂浆层拔出破坏（2）

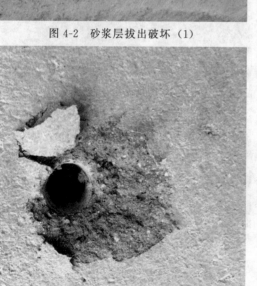

图4-4　砂浆层拔出破坏（3）

图4-5　砂浆层拔出破坏（4）

图 4-6　砂浆层拔出破坏（5）　　　　　　图 4-7　砂浆层拔出破坏（6）

根据三种纤维水泥砂浆加固层后装拔出破坏形态及类别，主要可以分为 3 种破坏形式：

（1）纤维水泥砂浆锥体破坏，如图 4-2、图 4-3 所示。试验时，大部分破坏属于这种破坏，也是我们想要的破坏形态。

（2）锚固件被拉断，如图 4-4、图 4-5 所示。当锚固件的强度不够或者锚固深度过大时，锚固件的拉力大于锚固件的抗拉强度而出现锚固件被拉断的现象。

（3）纤维水泥砂浆半锥体破坏，如图 4-6、图 4-7 所示。当预埋件与测试面不垂直，或测试面表面不平时，砂浆由于受的拔出力不均匀，就很容易产生这种破坏。

上述第一种破坏是我们追求的理想状态的破坏，第二种破坏可以通过限制预埋件材料强度来达到，第三种破坏可以通过人为控制达到。

4.3　后装拔出法破坏形态

4.3.1　普通水泥砂浆后装拔出法破坏形态

现场采用后装拔出法检测普通水泥砂浆时，锚固件从水泥砂浆面层中拔出，可能出现以下几种主要的破坏形态：

1. 截顶圆锥体破坏

在胶体饱满，测点钻孔孔壁光洁的条件下，锚固胶与锚固件及孔壁水泥砂浆层可靠粘结，这时采用后装拔出法从水泥砂浆面层中拔出的破坏体呈完整的截顶圆锥体，如图 4-8(a) 所示。圆锥体底面圆即为反力支承圆环所围成的圆形，破坏面从反力支承圆环内缘延伸至锚固件的锚固端圆盘边缘，截顶圆锥体的侧面为破坏面。因为水泥砂浆面层厚度 30mm，锚固深度 30mm，锚固件端头未与砖墙面粘连，因而按本书规定的操作方法进行检测时，破坏体不受基材的影响。

2. 锚固件滑移或拔出

后装拔出法破坏模式与锚固件的锚固效果关系密切。孔内胶体不饱满或孔壁清理不干净都可能造成锚固件锚固效果不佳，因而在后装拔出法测试过程中拔出力未达到理论值就出现锚固件直接从孔内滑移甚至拔出，而并未连带拔出规则的截顶圆锥体，如图4-8(*b*)所示。这类破坏模式可以直接从拔出的锚固件端头状态判断出来，锚固件表面明显可以看到胶体缺损，或胶体表面有粉尘等杂质。

进行后装拔出法现场试验产生锚固件滑移或拔出时，出现不规则破坏的构件全部弃除，在该组试件对应的墙体上重新选取测点进行补测。

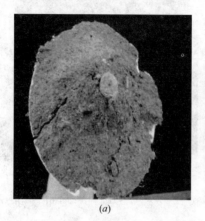

图 4-8　后装拔出法试验破坏形态

（*a*）截顶圆锥体破坏；（*b*）锚固件滑移拔出

4.3.2　纤维水泥砂浆后装拔出法破坏形态

试验中，对纤维水泥砂浆加固试块进行后装拔出试验，在记录仪上显示最大拉拔力后，再均匀摇动摇杆增加拔出力时，记录仪上的拔出力不再增加，说明纤维水泥砂浆加固层主体结构已经破坏。

根据纤维水泥砂浆加固层后装拔出破坏形态及类别，主要可以分为4种破坏形式：

（1）锚固件被拉断，如图4-9所示。当锚固件的强度不够或者锚固深度过大时，锚固件的拉力大于锚固件的抗拉强度而出现锚固件被拉断的现象。

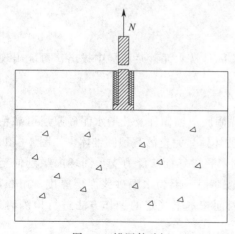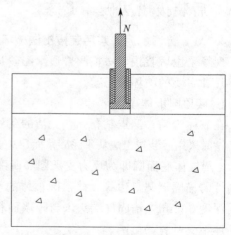

图 4-9　锚固件破坏　　　　　　　　　　图 4-10　结构胶层破坏

（2）结构胶层破坏，如图4-10所示。结构胶层出现破坏的情况有很多原因，主要有三个方面：结构胶养护不够，强度没有达到预期的设计强度或者质量不过关；孔洞没有清理干净,致使结构胶与纤维水泥砂浆层没有粘结好;注胶时,结构胶没有充满整个孔洞,而使结构胶与纤维水泥砂浆层粘结不够。

(3)纤维水泥砂浆锥体及结构胶粘结破坏,如图4-11所示。这种破坏在试验时也时常出现,大部分发生在锚固深度相对较大及锚固件顶端的结构胶与纤维水泥砂浆粘结力不够。

(4)纤维水泥砂浆锥体破坏,如图4-12所示。试验时,大部分破坏属于这种破坏,也是我们想要的破坏形态。

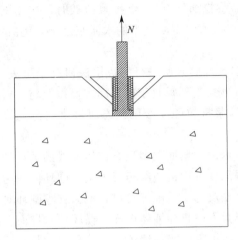

图 4-11　纤维水泥砂浆锥体及粘结破坏

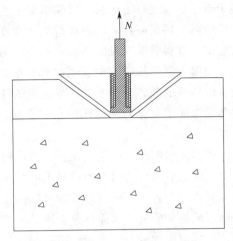

图 4-12　纤维水泥砂浆锥体破坏

在上述四种破坏形态中,锚固件抗拉强度控制得当可以避免出现第一种破坏形态。确保结构胶的质量,并且注胶前,清理孔洞的灰尘、杂质,保证结构胶饱满的充满整个孔洞,可以很好地避免第二种、第三种破坏形式的发生。

后装拔出法检测纤维水泥砂浆抗压强度时,结构胶使锚固件与纤维水泥砂浆连接,保证在对锚固件施加拉力时,锚固件通过结构胶把力传递给纤维水泥砂浆层。在进行后装拔出试验时,纤维水泥砂浆层结构受力形式与先装拔出法检测纤维水泥砂浆抗压强度基本相同。在试验中,锚固件与砂浆表面垂直度偏差比较大时,对锚固件施加拉拔力,支撑圆盘提供的支撑反力不能均匀地

图 4-13　纤维水泥砂浆层半锥体破坏

分布在与纤维水泥砂浆接触的支撑圆盘面上,由于支撑反力不均匀而使纤维水泥砂浆层产生如图4-13所示的半锥体破坏,这是属于纤维水泥砂浆层锥体破坏的一种特殊形式。

4.4　拔出法破坏形态分析

自20世纪30年代拔出法被提出以来,工程界学者对拔出法检测混凝土抗压强度的破坏形态作了大量研究,并提出了不同的观点。虽然所持理论存在分歧,但这些研究成果都肯定了拔出力与被测试材料抗压强度之间存在稳定可靠的相关关系[4-5]。

1981 年，Ottosen 采用 AXIPLANE 程序对拔出法破坏形态进行研究认为，锚固件即将拔出时，测点部位锚固件端头圆盘至支撑支座之间的混凝土存在一个受压区域，拔出力由该区域内的压应力承担形成荷载传递机制，区域内混凝土被压碎导致锥体破坏[6]。因此，拔出法锥体破坏是由"抗压柱"破坏模式造成的，不是混凝土拉裂造成的，这也解释了为什么拔出力和被测试材料的抗压强度存在着明显的线性关系。

Stone 等人进行了两个大型构件拔出法试验，采集到构件内部荷载和变形资料，并对整个破坏过程进行了研究。试验结果表明，当加载施加到 0.65 倍极限荷载时，被测试构件已经产生环向裂缝，即施加荷载达到 0.65 倍极限值时混凝土中的水泥浆已经发生破坏，此后由"骨料联锁"机制继续承担增加的荷载[7]。

湖南大学李静媛[8]对聚乙烯醇纤维砂浆和钢纤维砂浆所进行的拔出法研究结果表明，被测试砂浆的破坏是由于破坏界面上的纤维复合砂浆受到垂直于破坏面表面以及与平行于破坏面表面的复合力共同作用，复合应力达到砂浆抗拉强度极限状态时产生突然的脆性破坏。

拔出法检测水泥砂浆面层抗压强度试验中，水泥砂浆面层截顶圆锥体形式的破坏形态是由压应力和剪应力组合的拉应力导致的。以锚固件锚固端边缘至反力支承圆环内缘的锥面为界，进行拉拔试验时，锥面外围的水泥砂浆受反力支承圆环约束，反力支承圆环对承压面区域施加垂直于水泥砂浆表面的压应力，压力方向指向墙体内部；锚固件对锥面以内的水泥砂浆施加垂直于水泥砂浆表面的压应力，压力方向指向墙体外部。水泥砂浆面层厚度较薄，随着拔出力的增大，从锚固件锚固端边缘至反力支承圆环内缘的锥面上，微观裂缝不断发展和连通，裂缝两侧的水泥砂浆接触面存在相对滑移趋势，水泥砂浆在平行于锥面方向上受到剪应力作用。压应力与剪应力合成为垂直于锥面的拉应力，锥面区域的水泥砂浆最终破坏，破坏面即为锚固件锚固端边缘至反力支承圆环内缘的锥面。

4.5　拔出法破坏机理分析

对拔出法检测纤维水泥砂浆破坏机理的研究可以理解纤维水泥砂浆的破坏形态以及拔出法检测纤维水泥砂浆抗压强度的可行性，为该种方法检测纤维水泥砂浆强度标准的制订提供依据。

拔出法检测纤维水泥砂浆与拔出法检测混凝土抗压强度的原理一致，通过拔出力来推断强度。在 20 世纪，对拔出法检测混凝土抗压强度进行了许多研究，发现极限拔出力与混凝土抗压强度之间存在一定的关系，进而研究人员开始拔出试验的机理研究。随着研究的深入，许多研究人员都提出了关于拔出法试验破坏机理的观点来解析拔出破坏形态。

在 LOK 试验的基础上，丹麦学者 Niet Saabye Ottosen[6]对拔出法破坏机理进行了有限元分析。N. S. Ottosen 对混凝土破坏前的应变软化、硬化、开裂以及混凝土破坏后的这些现象都考虑在内，且混凝土材料模型采用各向同性非线性、三向应力破坏及弥散裂缝模型。有限元分析结果表明：在拔出力增加到其极限值的 7% 时，锚固件的底部最先出现裂缝，继续增加拔出力，混凝土表面和锚固件的接触面出现径向裂缝，此时拔出法力为极限值的 18%；当拔出力增加到极限值的 64% 时，混凝土表面产生新环向裂缝，裂缝主要分布在锚固件底部至反力环区域内。混凝土表面被拔出破坏，破坏面上的应力主要为压应力。通过模拟，N. S. Ottosen 认为试验过程中主要是由压应力产生裂缝以及结构破坏，虽然在破坏的最后阶段会出现拉应力，但是拉应力可以忽略不计。

Skramtajew[9]认为在进行拔出试验时，混凝土同时承受拉应力和剪应力作用，混凝土产生锥体破坏的理想模型如图 4-14 所示。

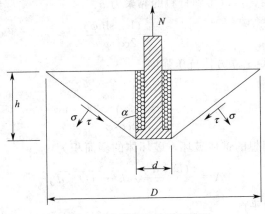

图 4-14　锥体破坏的理想模型

拔出仪对锚固件施加拔出力 N，在破坏面上存在正应力 σ 和切应力 τ，正应力垂直于破坏面，表现为拉力，而切应力平行于破坏面，破坏角为 α。由力平衡条件可以得出，正应力和切应力在拔出力 N 上的垂直分量与破坏体表面积的乘积就等于拔出力的反力。假设应力沿破坏面均匀分布，则：

$$\sigma = \frac{N}{A}\sin\alpha \tag{4-1}$$

$$\tau = \frac{N}{A}\cos\alpha \tag{4-2}$$

破坏面的表面积公式为：

$$A = \frac{\pi(D+d)}{4}\sqrt{4h^2 + (D-d)^2} \tag{4-3}$$

其中，D 为拔出仪支撑圆环的直径，d 为锚固件的直径，h 为锚固深度。

Malhotra[10]通过上述公式，将最大拔出力除以理想锥体破坏面的表面积计算拔出强度，计算的拔出强度与试块的抗压强度之比约为 $0.18 \sim 0.24$，观测发现这个比值和三轴试验中抗剪强度与抗压强度的比值比较接近，并进行了大量的试验，分析了抗拔强度与多种因素之间的关系，得出拔出力和混凝土的抗剪强度之间存在直接关系。

Jensen 和 Bracestrup[11]对拔出法进行了理论分析，得出极限拔出力与混凝土抗压强度之间呈线性关系。锥体破坏面由所有临界应力状态组成的曲面，并且破坏面与加载路径无关。

在平面中，平面极限剪应力与平面的正应力有关，即：

$$|\tau| = f(\sigma) \tag{4-4}$$

试验结果确定 $f(\sigma)$ 的包络线，当摩尔圆正切于材料的包络线时材料即将破坏，强度达到最大，如：

$$|\tau| = c - \sigma\tan\varphi \tag{4-5}$$

其中，c 表示材料的黏聚力，φ 表示材料的内摩擦角。

这种破坏属于摩尔库伦破坏准则，在受压时能够反映出剪切滑移，在受拉时反映出断裂破坏。

Jensen 和 Bracestrup 对这个破坏形式进行了简单的修正，假设当 $\sigma=f_t$ 时材料开裂。根据摩尔库伦破坏准则，可以得到材料的黏聚力 c：

$$c=\frac{f_c(1-\sin\varphi)}{2\cos\varphi} \tag{4-6}$$

其中，f_c 表示混凝土立方体抗压强度。

则剪应力为：

$$t=\frac{f_c(1-\sin\varphi)-2f_t\sin\varphi}{2\cos\varphi} \tag{4-7}$$

按照拔出破坏为理想的锥体破坏，破坏体的侧面积为：

$$A=\frac{\pi(D+d)}{4}\sqrt{4h^2+(D-d)^2} \tag{4-8}$$

根据两边的作用力平衡，可得：

$$N=(\tau\cos\alpha+\sigma\sin\alpha)A \tag{4-9}$$

即：

$$N=\frac{\pi h\left[f_c(1-\sin\varphi)\cos\alpha+2f_t\sin(\alpha-\varphi)\right](D\cos\alpha+h\sin\alpha)}{2\cos\varphi\cos^2\alpha} \tag{4-10}$$

上式中，D、h、a 为常数，令 $\varphi=\alpha$；$f_t=Kf_c$（K 为常数），可简化为：

$$N/f_c=C\,(常数) \tag{4-11}$$

因此，在抗拉强度与抗压强度成比例的情况下，拔出力与混凝土抗压强度成比例关系。

美国国家标准局通过埋置不同深度的锚固件和安装大量的感应器来研究、分析拔出法破坏机理。在整个拔出试验过程中可以大致分为三个阶段，阶段点以极限拔出力的 35％ 和 65％ 来区分。混凝土内部裂缝的发展是跳跃式变化的，当拔出力达到极限拔出力的 65％ 时，裂缝沿伸至反力支撑内缘。他们认为混凝土的破坏是由剪应力引起的。

国内的许多学者也对拔出法的破坏机理进行了一系列的研究，多数认为：在进行拔出试验时，最初出现的混凝土裂缝是由拉应力引起的，拉应力的增大加剧了裂缝的发展并产生破坏面，这种拉应力是由压应力和剪应力的共同作用的结果。

综上所述可知，虽然许多的学者就拔出法的破坏机理进行了研究，但是还没有形成统一的观点。结合以上几种破坏机理的分析和研究结果，依据拔出法检测纤维水泥砂浆试验的实验现象，本书认为拔出法检测纤维水泥砂浆的破坏情况根据纤维的种类而有不同，主要都是由拉应力和剪应力共同作用的结果。

以后装拔出法检测纤维水泥砂浆为例，采用后装拔出法检测合成纤维水泥砂浆时，拉杆对锚固件施加拔出力，锚固件通过结构胶把作用力传递至与结构胶相接触的砂浆（钻孔侧面）和混凝土（钻孔底面），锚固件端头的结构胶与混凝土接触的面最先受到拉拔力的作用，此接触面的粘结力所能够承受的极限拉力小，从而迅速使结构胶与混凝土表面分离，产生剥离破坏，继而由钻孔侧面的砂浆承受结构胶传来的作用力。作用力对合成纤维水泥砂浆层产生剪力效应。拔出仪对锚固件施加拉拔力的同时，拔出仪的反力支撑圆环对与砂浆表面接触的部位施加压应力，以锚固件的轴线为圆心，锚固件的端头边缘与同心圆上的反力支撑内缘之间形成的圆锥面上的合成纤维水泥砂浆受到复杂应力作用。随着拔出力的增大，裂缝最早出现于锚固件端头与砂浆接触面上。水泥砂浆本身是属于脆性材料，抗拉强度很小，非常容易脆断，掺入合成纤维后，合成纤维在水泥砂浆中形成三维网络结构，分散了砂浆毛细管的收缩应力，避免了局部应力集中，提高了砂浆的极限应变。继续增加拔出力，裂缝向反力支撑圆环内缘发展，裂缝尖端的发展会受到合成纤维的阻挡和约束作用，致使裂缝只能绕过合成纤维或者合成纤维被拉断或拔出才能继续延伸，这必然会消耗较多的能量来克服合成纤维的限制作用。当砂浆裂缝宽度增加至临界裂缝宽度或者砂浆产生剪切滑移时，沿着裂缝方向的砂浆不能再承受荷载，拔出力达到最大值（即极限拔出力），破坏面上未出现裂缝的砂浆迅速开裂，这主要是拉应力和剪应力共同作用的效果。当跨连在裂缝上的合成纤维承受的应力超过水泥砂浆基体的抗裂强度时，水泥砂浆基体就会出现新的裂缝，在掺量一定的情况下，合成纤维分布越均匀，纤维水泥砂浆内的应力分配也越均匀，砂浆层内的应力局部化现象大大削弱，在一定的程度上阻止了裂缝的发展，削弱了主裂缝的宽度，从而出现较多的次生裂缝，消耗更多的能量，能量越多极限拔出力越大，合成纤维水泥砂浆的韧度也相应地提高。

在水泥砂浆中掺入钢纤维，显著提高基体的抗弯强度、抗拉强度、抗冲击耐磨性，并改善砂浆的韧性。钢纤维水泥砂浆中，钢纤维随机分布形成三维空间支撑体系，延缓了砂浆内部微裂缝的发展并阻滞了宏观裂缝的出现。后装拔出法检测钢纤维水泥砂浆时，刚开始出现的裂缝与合成纤维水泥砂浆试验相同，孔洞底部的结构胶与素混凝土表面剥离，拔出力由孔洞侧面的钢纤维水泥砂浆承担。支撑圆环施加的压应力和结构胶传递的剪应力在钢纤维水泥砂浆层内共同作用产生拉应力，刚开始拉应力由钢纤维和水泥砂浆基体共同承受，随着拔出力的增加，水泥砂浆基体出现裂缝，拉应力逐渐由跨接在裂缝之间的钢纤维承担。随着钢纤维承受的拉应力的增加，锚固钢纤维的水泥砂浆的抗拉强度小于钢纤维的拉应力，而产生更多的次生裂缝。裂缝慢慢从锚固件端部向反力支撑内缘延伸。裂缝的增多、增宽，支撑圆环内的钢纤维水泥砂浆变形增大，锚固件的位移增加。当主裂缝的宽度增加到临界裂缝宽度或次生裂缝的数量大于临界数量时，钢纤维的拉应力大于砂浆对钢纤维的锚固力，钢纤维被拔出而出现破坏，此时的拔出力为极限拔出力。整个拔出破坏过程为延性破坏，破坏作用力主要是由钢纤维水泥砂浆内的拉应力引起的。

4.6 影响水泥砂浆拔出力的因素

相关研究和本书试验都已表明，运用先装拔出法和后装拔出法检测水泥砂浆抗压强度时，被测试材料最为典型的破坏模式为截顶圆锥体破坏[8]。对于不同的试验对象和工程实际条件，拔出法测试得到的破坏形态不一定呈现完整的截顶圆锥体，此时测得的拔出力会存在误差，影响试验结果的准确性。

因此，有必要研究归纳影响水泥砂浆拔出力的因素，使技术人员有针对性防范造成试验误差的风险，保证不同实际工程条件下本书试验方法的可靠性和拟合的回归曲线的准确性。这也是相关标准制订过程中所要考虑的内容。能影响拔出法现场检测水泥砂浆抗压强度的主要因素有以下几个方面。

4.6.1 客观因素

1. 水泥砂浆面层厚度

采用拔出法检测混凝土抗压强度的试验研究表明，如果锚固件的锚固深度太小，则只能反应表层混凝土强度，所测得的极限拔出力会偏小，同时，混凝土易出现不规则破坏。目前国内采用的锚固件的锚固深度一般为 25mm 左右，而实际工程中采用钢筋网水泥砂浆面层加固时，加固层的厚度通常为 25～35mm，仅采用水泥砂浆面层加固时，厚度通常为 20～30mm。当砂浆加固层的厚度低于 25mm 时，锚固件的锚头部分已经伸入到了被加固的砌体基材中，这就使得拔出时的受力情况变得非常复杂。因此，本书针对砂浆加固层厚度这一影响因素进行了试验研究。

对 5 种不同强度等级的水泥砂浆，选取 20mm、30mm、40mm 三种厚度作为试验参数进行对比研究。将各试验所得的拔出力和相应的立方体抗压强度代表值汇总，试验结果见表 4-1。

不同砂浆加固层厚度的试验结果比较　　　　　　　　　表 4-1

强度等级	立方体抗压强度代表值 f_{mu}（MPa）	拔出力代表值 F（kN）		
		$h = 20mm$	$h = 30mm$	$h = 40mm$
M10	10.55	2.72	4.18	4.75
	10.30	3.67	4.89	4.67
	10.11	4.74	3.97	4.12
	9.60	2.15	4.21	4.99
	9.16	3.61	4.06	3.88
	11.15	3.45	5.75	5.82
M15	15.19	8.61	7.72	8.45
	16.05	5.19	8.81	7.88
	14.28	5.77	6.12	6.21
	14.82	4.32	6.49	7.01
	15.07	4.41	6.00	6.21
	15.72	5.32	7.03	6.76
M20	20.22	7.09	9.03	10.31
	21.89	11.73	12.49	10.37
	21.03	11.38	10.28	9.68
	19.11	8.19	8.81	9.02
	20.02	6.02	10.90	11.01
	18.32	9.24	10.82	9.88
M25	25.64	11.57	13.13	12.43
	27.18	8.66	12.89	13.05
	22.62	7.35	11.07	12.15
	23.04	11.05	13.98	13.65
	24.96	13.31	13.38	12.99
	25.98	8.64	13.20	14.21
M30	29.68	16.42	17.09	18.01
	32.28	13.58	16.35	17.34
	30.67	13.41	16.20	15.76
	28.55	14.05	16.93	17.01
	29.75	12.23	13.96	14.30
	30.06	11.33	15.21	14.29

注：h 为水泥砂浆加固层的厚度。

通过对表 4-1 中的试验数据采用最小二乘法进行线性回归分析，分别得到 3 种加固层厚度情况下的回归曲线。

（1）砂浆加固层厚度 $h=20\text{mm}$ 时拟合的回归曲线为：

$$f_{\text{mu}}^{\text{m}} = 1.7154F + 5.6616 \tag{4-12}$$

相应的试验数据拟合曲线效果如图 4-15 所示。

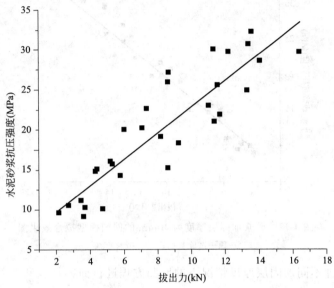

图 4-15　砂浆加固层厚度为 20mm 的回归模型拟合效果图

—■—试验数据；——拟合直线

（2）砂浆加固层厚度 $h=30\text{mm}$ 时拟合的回归曲线为：

$$f_{\text{mu}}^{\text{m}} = 1.6499F + 3.3281 \tag{4-13}$$

相应的试验数据拟合直线效果图如图 4-16 所示。

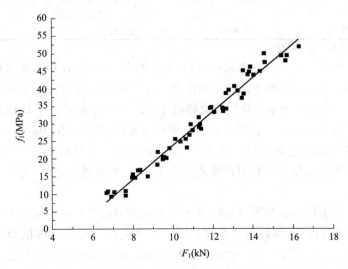

图 4-16　砂浆加固层厚度为 30mm 的回归模型拟合效果图

—■—试验数据；——拟合直线

（3）砂浆加固层厚度 $h=40\text{mm}$ 时拟合的回归曲线为：

$$f_{\text{mu}}^{\text{m}}=1.5470F+4.2671 \tag{4-14}$$

相应的试验数据拟合直线效果图如图 4-17 所示。

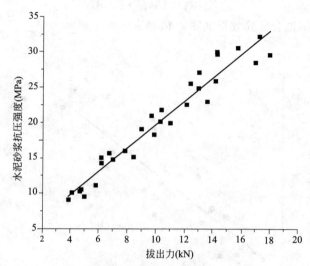

图 4-17　砂浆加固层厚度为 40mm 的回归模型拟合效果图
——■—试验数据；——拟合直线

对拟合的 3 种不同加固层厚度情况下的回归方程进行回归精度和误差分析，计算结果见表 4-2。

不同加固层厚度的回归模型精度比较 　　　　表 4-2

砂浆加固层厚度	$h=20\text{mm}$	$h=30\text{mm}$	$h=40\text{mm}$
相关系数	0.8959	0.9718	0.9527
平均相对误差	13.55%	7.24%	8.58%
相对标准误差	13.76%	8.23%	9.10%
剩余标准差	3.31	1.74	1.83
回归变异系数	16.39%	8.65%	9.32%

注：h 为水泥砂浆加固层的厚度。

由表 4-2 可以看出，回归方程式（4-12）的线性相关系数小于其他两种情况，即加固层厚度 $h=20\text{mm}$ 时，水泥砂浆的抗压强度值与拔出力的线性相关性最弱。而回归方程式（4-13）和式（4-14）的线性相关系数非常接近于 1，相对标准差、平均相对误差、剩余标准差以及回归变异系数均较小，因此，当水泥砂浆加固层厚度为 30mm、40mm 时，采用后装拔出法检测水泥砂浆加固层的强度结果比较理想，而当加固层厚度仅为 20mm 时，试验采集的数据离散型较大，相对标准差大于 12%，不满足规范[12]关于建立测强曲线的要求。

将拟合的 3 种不同加固层厚度情况下水泥砂浆的回归曲线进行对比，如图 4-18 所示。

由图 4-18 可以看出，回归曲线 2 和曲线 3 非常接近，可见同等试验条件下，砂浆层厚度为 30mm 条件下测得的拔出力与厚度为 40mm 时测得的拔出力值比较接近。曲线 1 位于曲线 2 和曲线 3 的上方，可见对于同等强度的水泥砂浆，砂浆层厚度为 20mm 的条件下测得的拔出力较厚度为 30mm 和 40mm 时测得的拔出力值小。

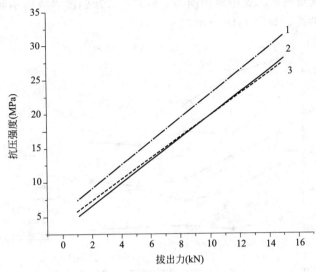

图 4-18　不同砂浆加固层厚度的回归曲线比较

1—$h=20$mm；2—$h=30$mm；3—$h=40$mm

由以上试验结果可知，当水泥砂浆加固层厚度太薄时拔出法检测结果离散性较大，测得的极限拔出力偏小，且试验中拔出的砂浆块体不太规则，往往不是理想的锥体。故本书认为，只有当水泥砂浆加固层厚度不小于 30mm 时，才能采用后装拔出法进行检测。

2. 钢筋网间距

在钢筋网水泥砂浆面层加固的墙体上进行拔出法检测时，钢筋网的存在对试验结果能造成较大影响[13]。

由于水泥砂浆加固薄层内通常会布置一定间距的钢筋网，钢筋与水泥砂浆之间的粘结作用可能会导致拔出破坏时极限拔出力增大，从而影响测试结果的精度。因此，本书选择测点中心与钢筋位置的距离作为主要的影响因素进行试验研究。具体情况如下：

选取测点中心与钢筋位置的距离、水泥砂浆的强度等级作为试验的对比参数。水泥砂浆的强度等级分为 M10、M15、M20、M25、M30，测点中心与钢筋位置的距离分为 30mm、40mm、50mm、60mm 和 70mm。

首先用钢筋探测仪确定拔出构件中钢筋的准确位置并作标记，然后分别在距离钢筋 30mm、40mm、50mm、60mm 和 70mm 的位置布置相应的测点，最后采用后装拔出法测得相应的极限拔出力 F。将试验得到的拔出力代表值进行汇总，见表 4-3。

钢筋位置对拔出力的影响 表 4-3

| 测点中心与钢筋 | 拔出力代表值 F（kN） | | | | |
距离 d（mm）	M10	M15	M20	M25	M30
30	5.13	10.76	13.87	17.46	21.34
40	4.10	8.02	11.57	13.76	19.83
50	4.51	7.00	9.17	14.02	16.83
60	4.34	8.21	8.54	12.67	17.62
70	4.18	7.72	9.03	13.13	17.09

将表 4-3 中测点与钢筋位置距离相同的试验数据，按强度等级的不同，分别进行统计分析，得到相应的曲线，如图 4-19 所示。

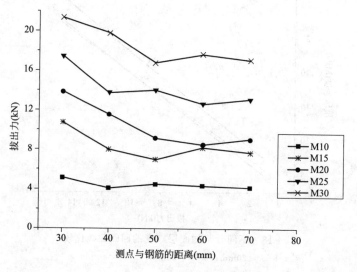

图 4-19　钢筋对拔出力的影响

从图 4-19 可以看出，在强度等级一定的条件下，如果拔出测点距钢筋的位置小于 50mm，则测得的极限拔出力往往会偏大，由此推得的抗压强度值也会偏大，尤其是测点与钢筋的距离为 30mm 时，所测得的拔出力值明显大于正常情况。对于较高强度等级的水泥砂浆，这种影响愈加显著。同时，试验过程中发现，如果测点附近有钢筋存在则极易对钻头、磨槽机或胀簧等拔出装置造成损坏。因此，采用后装拔出法进行砖砌体钢筋网水泥砂浆的抗压强度检测时，应采取有效措施避开钢筋，且测点的位置应距钢筋 50mm 以上，尽量避免钢筋对测试结果造成影响。

因此，为尽可能避免该因素影响，采用先装拔出法进行现场检测时，测点应该取在钢筋网网格中心；采用后装拔出法进行现场检测时，首先采用钢筋位置探测仪检测并标示处钢筋网格位置，然后在网格中间作为测点钻孔。

3. 水泥砂浆强度等级

水泥砂浆拔出力与其材料强度有着直接的正比关系，因此对强度等级越高的水泥砂浆材料进行测试，测得的拔出力越大。由于混凝土与砂浆材料的差异，套用混凝土拔出法检测设备在水泥砂浆测试时难以取得满意的效果。以往的研究中，由于缺乏专用的检测设备，水泥砂浆采用拔出法检测时经常遇到锚固件拔断或拉伸变形的情况，这主要是由于锚固件尺寸缺乏相关标准的规定，以及在缺乏大量试验数据支撑的基础上难以找到合适的尺寸。

实际加固工程中，用于砖墙加固所采用的水泥砂浆强度等级为 10～50MPa，笔者参照以往拔出法检测混凝土及砂浆强度的试验装置，对比大量试验数据和现象，经技术改进后试制了一批水泥砂浆锚固件，经验证后发现设计的锚固件尺寸在现场条件下能满足强度等级 10～50MPa 范围内水泥砂浆的拔出法检测。

本试验选用的水泥砂浆包括：M10、M15、M20、M25、M30、M35、M40、M45、

M50 九种强度等级，拔出法测试结果表明，随着水泥砂浆强度等级的提高，测得的拔出力也相应增大。

4. 纤维品种的影响

在纤维水泥砂浆的材料组成中，只是砂浆掺加纤维，并没有石子等粗骨料，因此忽略粗骨料的影响。存在影响的只有纤维的种类，纤维种类不同，则测出的先装拔出力也不同，总体来说聚乙烯醇纤维水泥砂浆与聚丙烯纤维水泥砂浆测强曲线较为接近，同一级别强度的两种纤维水泥砂浆测出的拔出力相差不大，但采用钢纤维水泥砂浆的先装拔出试验中，在相同强度级别下，钢纤维水泥砂浆的先装拔出力大于另外两种纤维种类的纤维水泥砂浆，从测强曲线分布来看，钢纤维水泥砂浆先装拔出法测强曲线在另外两种纤维水泥砂浆的上方，这表明，纤维品种对于测强公式的影响有较大差别。

5. 砂浆龄期及养护

从化学成分上讲，砂浆的材料性质与混凝土相似。纤维水泥砂浆在养护期内，抗压强度会随着龄期的增长而增大，后装拔出试验测出的极限拔出力也会增大。养护 28d 天后，空气中的 CO_2 和砂浆中的碱骨料 Ca (OH)$_2$ 发生反应，生成 $CaCO_3$ 硬壳，即碳化。随着碳化的加深，纤维水泥砂浆的硬度和脆性也会增加，使得测出的极限拔出力也会增加。由于碳化是一个长时间的过程，本试验不考虑纤维水泥砂浆碳化的影响。在混凝土强度等级相同的前提下，自然养护条件下与标准养护条件下的混凝土测得的拔出力非常接近，浸水养护比标准养护条件下测得的拔出力偏低约 5%。

6. 水泥的标号

水泥标号是指水泥的强度等级，对于同一种强度等级的砂浆所需要的水泥用量会有所不同，高标号的水泥用量要小于低标号的水泥用量，其他材料的用量也就不同，对拔出试验的拔出力造成一定的影响。因此，试验中尽量使用一种标号的水泥。

7. 骨料的种类

根据拔出法检测混凝土抗压强度的研究结果，发现粗骨料的种类、粒径及其级配对拔出试验中拔出力存在一定的影响，对于不同粗骨料的混凝土测强曲线要进行修正。纤维水泥砂浆中不存在粗骨料，本试验中采用的细骨料为河砂，符合大部分地区的情况，已有研究表明粗骨料的种类和细度模数对拔出力的极限值没有明显的影响，因此本试验忽略细骨料的影响。试验中，纤维水泥砂浆采用机械拌合，机械拌合的水泥浆和细骨料结合较好，拌合均匀，和易性好。

8. 拔出装置的尺寸

后装拔出法根据拔出仪器的不同型号，锚固件的尺寸和埋深也有所不同，研究表明锚固件的埋深直接影响测试的结果[14]。不同厂家生产的拔出仪的规格不尽相同，所以，试验过程中磨槽机和胀簧等试验装置不得随意套用。为了保证试验的精度，规程[12]对拔出装置的反力支承内径、锚固件的锚固深度、钻孔直径等均有要求。本试验中采用的拔出仪的锚固深度、反力支承内径以及钻孔直径等尺寸均符合规程要求，在试验前对胀簧的尺寸进行了复核，满足规范要求。胀簧具有安装方便、锚固可靠、可重复使用等优点，同时，胀簧又是易耗品，在多次使用后会出现变形或损坏。对于变形或损坏的胀簧应及时更换，不得使用。同时，建议各个厂家统一胀簧的尺寸，并进行标准化配套生产。

4.6.2 主观因素

1. 清孔质量

拔出法现场检测水泥砂浆抗压强度试验需要进行钻孔，然后进行注胶和埋设锚固件的操作，进行拔出试验时锚固件和孔壁砂浆通过锚固胶粘结传递应力。因此注胶效果直接影响后装拔出法试验结果。

钻孔后清理孔内粉尘非常必要，孔壁条件直接影响锚固效果。粉尘的存在将导致注入的胶体被粉尘包裹，胶体无法与孔壁有效粘连，直接从孔内滑动流出，注胶难以饱满。锚固胶固化后，由于锚固胶与孔壁之间隔有粉尘，拔出力也无法有效传递，因而容易出现锚固件直接从孔内滑移拔出的破坏。这种破坏通常发生在锚固胶与孔壁的接触面上，并不是水泥砂浆的破坏，测得的拔出力也不能代表该试件的后装拔出力。

2. 锚固深度

工程中，纤维水泥砂浆加固的厚度通常为 25～35mm。采用后装拔出法检测纤维水泥砂浆时，锚固件的锚固深度要小于或者等于砂浆加固厚度。当锚固件的锚固深度太小时，检测的结果只能反映表层的纤维水泥砂浆强度，且检测结果具有较大的离散性，拔出破坏不太规则，往往不是理想的锥体。本试验固定锚固深度值为 30mm，实际锚固深度与 30mm 存在一定的偏差，深度大于 30mm 时测得的极限拔出力偏大，小于 30mm 时极限拔出力偏小。从试验结果可以看出，误差在可接受的范围内。

锚固件与纤维水泥砂浆表面的垂直度偏差对后装拔出试验的极限拔出力也有很大的影响，一般要求垂直度偏差不应大于 3°。当锚固件与砂浆表面垂直时，拔出试验中反力支撑圆环对砂浆表面均匀的施加压力，在拉杆的拉力和反力支撑的压力共同作用下，砂浆层受到的应力以锚固件为中心成轴对称分布。当拔出力达到最大时，拔出破坏为理想的锥体破坏。当锚固件与砂浆表面的垂直度偏差超过了限定值时，砂浆层中的应力不成对称分布，产生应力集中，而产生半锥体破坏。测试面保持平整，以确保反力支撑受力均匀，对于测试面不平整的部位应该进行磨面处理，测试时应避开有缺陷的部位。

3. 拔出力加载的速度

本试验使用的是手动控制油泵加荷装置，通过摇动摇杆对拉杆施加拔出力。数据记录仪为记录最大拔出力，试验中若加荷速度过快或者施加冲力而造成测得的极限拔出力偏大，从而影响推断的纤维水泥砂浆的抗压强度，因此拔出力的加载速度对试验有一定的影响。试验时，施加拔出力应连续均匀，控制加荷速度的大小为 0.5～1.0kN/s，由于加荷速度为手动控制的，应细心谨慎。

4. 极限拔出力的读取

数据记录仪具有峰值保持的功能，当砂浆层完全开裂破坏、数据显示器的读数不再增加时可以判定测得的拔出力为极限拔出力。在试验过程中出现的非正常的加荷状况，主要有三种情况。试验过程中，缓慢施加拔出力，而数据显示器上的数据不增加，过一段时间后才缓慢增加，而且数据增加的速度也越来越快，这时应放缓加荷速度，直至拔出破坏。再者，砂浆的变形增大较快，拔出力增加的速度较慢，这种情况容易误认为砂浆层已经破坏，拔出力达到极限值，这样测得的结果偏低。最后一种情况是，当拔出仪的变形快接近仪器的限制时，测试面也已经发生破坏，数据显示器上的数据停留在峰值上，此时，再进行加载，显示器上的数据停留几秒后也继续增大，但这时加载比正常加载要困难时，显示器上继续增加后的数据并非极限拔出力，这种情况应进行补测。为了避免这三种不利情况产生，在试验过程中一定要按照规范操作，控制加载速度，当数据显示器的读数不再增加时，且拔出仪的变形也接近允许值时，应再摇动摇杆大约三圈左右，如果读数保持不变，则记录数据显示器的读数。

5. 锚固件垂直度

锚固件的垂直度对试验结果有重要影响。当锚固件轴线与测试面垂直度偏差过大时，水泥砂浆面层局部产生应力集中，造成拔出力测试值偏大，破坏体拔出后呈不规则形态。因此本书为拔出法现场检测操作中保证锚固件垂直度提出了具体处理方法。

为此，笔者及研究团队专门设计了与锚固件配套的固定架装置，该装置利用"三点确定一个平面"的原理，通过可调节的活动支架来调节锚固件在空间的位置，从而有效控制锚固件垂直度。

4.7 测强曲线对比

4.7.1 先装拔出法与后装拔出法检测水泥砂浆试验结果对比

通过对先装拔出法测强曲线和后装拔出法测强曲线进行对比可知，两直线方程斜率系数接近，而先装拔出法截距系数大于后装拔出法（图 4-20），因而先装拔出法曲线在建立的平面直角坐标系上更加靠近坐标轴左上方。因此，采用本书的试验装置和试验方法的前提下，相同抗压强度的水泥砂浆进行拔出法试验时，测得的先装拔出力略大于后装拔出力。

所得的先装拔出法现场检测水泥砂浆面层抗压强度的回归公式为：

$$f_{m,cl} = 4.83F_1 - 24.47$$

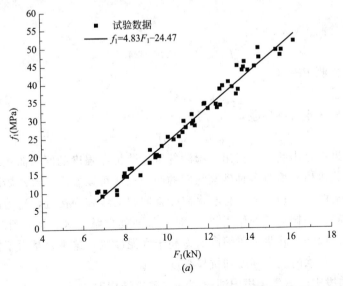

图 4-20　水泥砂浆先装拔出法试验结果与后装拔出法试验结果对比

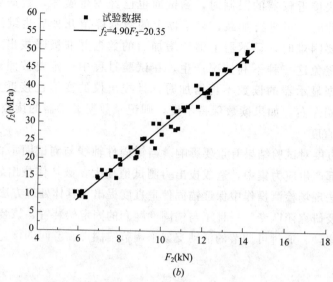

图 4-20　水泥砂浆先装拔出法试验结果与后装拔出法试验结果对比（续）

（*a*）水泥砂浆先装拔出法试验结果；（*b*）水泥砂浆后装拔出法试验结果

所得的后装拔出法现场检测水泥砂浆面层抗压强度的回归方程式为：

$$f_{m,c2} = 4.90F_2 - 20.35$$

4.7.2　先装拔出法检测纤维砂浆与水泥砂浆试验结果对比

笔者所在研究团队采用与本书相同的试验装置和试验方法，完成了对聚乙烯醇纤维砂浆（PVA-ECC）、聚丙烯纤维砂浆（PP-ECC）、钢纤维砂浆三种纤维砂浆抗压强度的先装拔出法试验。以上三种纤维砂浆共设置了 M20、M30、M40、M50、M60、M70、M80、M90、M100 九种强度等级，采用纤维砂浆面层分别对不同强度等级的混凝土短柱进行加固，加固层厚度 30mm，锚固深度 30mm，不设置钢筋网。根据试验结果拟合的测强公式如下。

先装拔出法检测 PVA-ECC：

$$f_{m,fc} = 5.70F - 24.52$$

先装拔出法检测 PP-ECC：

$$f_{m,fc} = 5.47F - 21.47$$

先装拔出法检测钢纤维砂浆：

$$f_{m,fc} = 3.50F - 4.02$$

根据试验结果拟合出的先装拔出法检测纤维砂浆抗压强度的回归曲线（图 4-21）。

对比以上先装拔出法检测各种砂浆强度的回归曲线可以看出，聚乙烯醇纤维砂浆曲线与聚丙烯纤维砂浆曲线差别不大，且与水泥砂浆回归曲线较为接近，这是由于两种合成纤维在砂浆中主要起到增韧抗裂的作用[15]，对砂浆强度贡献不大。而钢纤维砂浆曲线在坐标轴上更靠右侧，钢纤维砂浆抗压强度明显高于水泥砂浆，这主要是由于钢纤维掺入砂浆中能较明显地提高砂浆的抗弯强度和抗拉强度[16]。

4.7.3　后装拔出法与先装拔出法检测纤维砂浆结果对比

笔者所在研究团队采用与本书相同的试验装置和试验方法，完成了对聚乙烯醇纤维砂

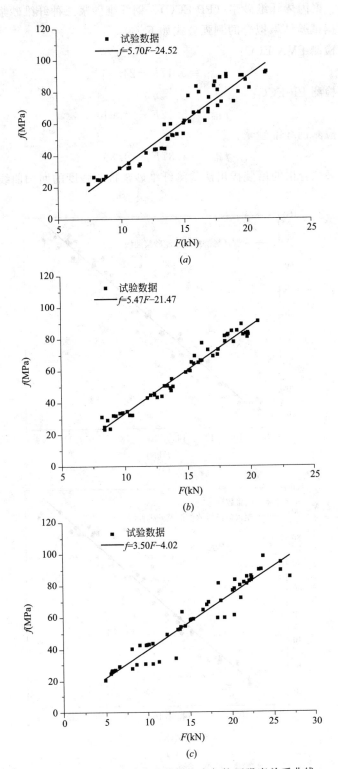

图 4-21　三种纤维砂浆先装拔出力与抗压强度关系曲线

(a) PVA-ECC 先装拔出法试验结果；(b) PP-ECC 先装拔出法试验结果；(c) 钢纤维砂浆先装拔出法试验结果

浆（PVA-ECC）、聚丙烯纤维砂浆（PP-ECC）、钢纤维砂浆三种纤维砂浆抗压强度的后装拔出法试验。根据试验结果拟合的测强公式如下。

后装拔出法检测 PVA-ECC：

$$f_{fm,c} = 5.17F - 24.03$$

后装拔出法检测 PP-ECC：

$$f_{fm,c} = 5.12F - 24.61$$

后装拔出法检测钢纤维砂浆：

$$f_{fm,c} = 4.37F - 19.30$$

根据试验结果拟合出的后装拔出法检测纤维砂浆抗压强度的回归曲线（图 4-22）。

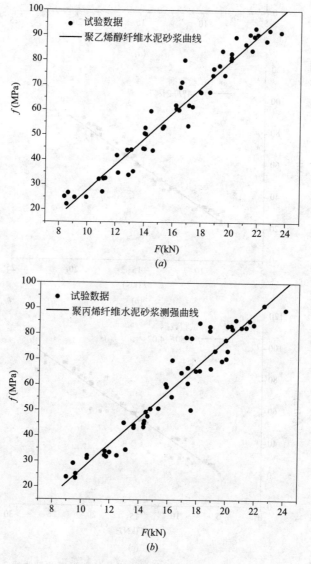

图 4-22 三种纤维砂浆后装拔出力与抗压强度关系曲线

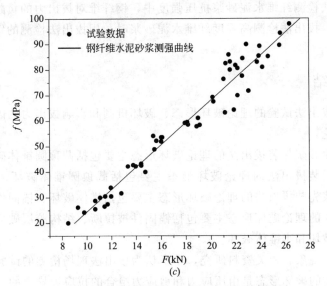

图 4-22 三种纤维砂浆后装拔出力与抗压强度关系曲线（续）

（a）PVA-ECC 后装拔出法试验结果；（b）PP-ECC 后装拔出法试验结果；（c）钢纤维砂浆后装拔出法试验结果

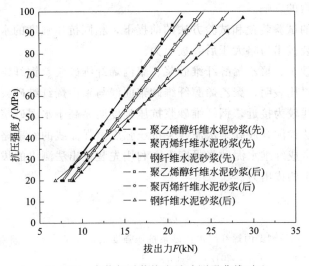

图 4-23 先装与后装拔出试验测强曲线对比

将后装拔出法检测纤维水泥砂浆抗压强度测强公式与先装拔出法检测纤维水泥砂浆测强公式进行对比，如图 4-23 所示。可以得出：

（1）在拔出法中，合成纤维对增加拔出力幅度的影响基本相同，先装拔出法检测合成纤维水泥砂浆抗压强度测强公式的斜率略高于后装拔出法测强公式。由于先装拔出法与后装拔出法试验步骤、试验方法不一样等，在相同的合成纤维水泥砂浆抗压强度上，利用先装拔出法测出的拔出力的数值要小于用后装拔出法测出的拔出力。

（2）后装拔出法检测钢纤维水泥砂浆测强曲线的斜率要大于先装拔出法检测钢纤维水泥砂浆。当钢纤维水泥砂浆强度等级较高时，先装法检测钢纤维水泥砂浆的极限拔出力大于后装法检测钢纤维水泥砂浆的极限拔出力。

（3）在拔出法检测纤维水泥砂浆抗压强度中，钢纤维对拔出力的贡献要大于合成纤维对拔出力的贡献。拔出法检测高强度纤维水泥砂浆时，用拔出法检测的钢纤维水泥砂浆的极限拔出力最大。

4.8 本章小结

本章主要对拔出法试验的理论破坏形态、破坏机制和影响拔出力的因素进行了分析总结，得出以下结论：

（1）普通水泥砂浆先装拔出法的理论破坏形态主要包括截顶圆锥体破坏、不规则破坏和锚固件变形，后装拔出法的理论破坏形态主要包括截顶圆锥体破坏、锚固件滑移或拔脱；纤维水泥砂浆先装拔出法的理论破坏形态主要包括锥体破坏、锚固件被拉断和半锥体破坏，后装拔出法的理论破坏形态主要包括锚固件被拉断、结构胶层破坏、锥体及结构胶粘结破坏、锥体破坏和半锥体破坏。

（2）根据试验现象和相关资料研究，本章认为拔出法现场检测的试验过程中，砂浆面层截顶圆锥体形式的破坏形态是由压应力和剪应力组合的拉应力导致的。

（3）影响水泥砂浆拔出力的因素主要有水泥砂浆面层厚度、钢筋网间距、水泥砂浆强度等级、锚固件垂直度和孔壁条件等。本章试验以水泥砂浆面层的不同强度等级作为变量，排除了其余因素的影响。

（4）采用本章的试验装置和试验方法的前提下，相同抗压强度的水泥砂浆进行拔出法试验时，测得的先装拔出力略大于后装拔出力。

（5）对于水泥砂浆、聚乙烯醇纤维砂浆、聚丙烯纤维砂浆、钢纤维砂浆这四种材料的先装拔出试验结果对比表明，聚乙烯醇纤维砂浆曲线与聚丙烯纤维砂浆曲线差别不大，且与水泥砂浆回归曲线较为接近，钢纤维砂浆抗压强度明显高于水泥砂浆。

（6）先装拔出法检测合成纤维水泥砂浆抗压强度测强曲线的斜率略高于后装拔出法测强曲线。在相同的合成纤维水泥砂浆强度上，利用先装拔出法测出的拔出力在理论上要小于用后装拔出法测出的拔出力。

参考文献

［1］ 陈送送，后装拔出法检测聚丙烯纤维水泥砂浆抗压强度试验研究［D］．湖南大学硕士学位论文．长沙：湖南大学土木工程学院，2012，14-15.

［2］ Seok Hee Kang, Jung Jin Kim and Dong Joo Kim. Effect of sand grain size and sand-to-cement ratio on the interfacial bond strength of steel fibers embedded in mortars. Construction and Building Materials，2013，47：1421-1430.

［3］ Kierkegaard-Hansen P. Lok-Strength. Nordisk Betong（Journal of the Nordic Concrete Federation），1975，（3）：19-28.

［4］ Cheng Yu Li and Barzin Mobasher. Finite Element Simulations of Fiber Pullout Toughening in Fiber Reinforced Cement Based Composites. Advanced Cement Based Materials，1998，7（3）：123 - 132.

［5］ F. Laranjeira，C. Molins and A. Aguado. Predicting the pullout response of inclined hooked steel fibers. Cement and Concrete Research，2010．40（10）：1471-1487.

［6］ Ottosen N S. Nonlinear finite element analysis of pullout test. Journal of the Structural Division（ASCE），1981，107（4）：591-603.

［7］　Stone W C，Carino N J. Comparison of analytical with experimental strain distribution for the pullout test. ACI Journal Proceedings，1984，81（1）：3-12.

［8］　李静媛．后装拔出法检测纤维水泥砂浆抗压强度试验研究［D］．湖南大学工程硕士学位论文．长沙：湖南大学土木工程学院，2010，14-38.

［9］　Skramtajew B G．Determining concrete strength for control of concrete in structures. J. Am. Concr. Inst，1938.

［10］　Malhotra V M. Evaluation of the pull-out test to determine strength of in-situ concrete. Mater. Struct. (Rilem)，1975，8（43）.

［11］　Jensen B C，Braestrup M W. Lok-tests determine the compressive strength of concrete. Nord. Betong，1976.

［12］　中国工程建设标准化协会标准．拔出法检测混凝土强度技术规程 CECS 69—2011［S］．北京：中国建筑工业出版社，2011，2-15.

［13］　崔士起，王金山，姜丽萍．优化算法在后锚固法检测混凝土强度中的应用［J］．武汉理工大学学报，2010，34（2）：370-373.

［14］　张斌．清远．后装拔出法应用于分析［J］．建材与装饰，2009，（8）：8-10.

［15］　裴永琪．纤维与基体的界面力学特性分析［D］．西南交通大学硕士学位论文．成都：西南交通大学土木工程学院，2012：71-72.

［16］　程站起，夏乃凯．考虑界面影响的钢纤维混凝土等效力学性能研究［J］．郑州大学学报（工学版），2014，35（1）：104-107.

第5章 拔出法检测水泥砂浆和纤维水泥砂浆抗压强度实例

5.1 先装拔出法检测水泥砂浆抗压强度实例

1. 工程概况

某居民楼为2层砌体结构，建成于20世纪60年代末。该居民楼主体部分轴线总长35.0m，总宽12.6m，建筑面积约441.0m²，1层层高为3.5m，2层层高为3.0m，墙体采用烧结普通黏土砖砌筑，楼面板采用预制板，屋面形式为预制石棉瓦坡屋面。现要对该居民楼进行提质改造，由检测单位提供的报告可知，该房屋砌体墙的砌筑砖强度推定值为10.0MPa，砌筑砂浆强度低于0.4MPa [低于《砌体结构设计规范》GB 50003—2011最低强度等级M2.5的要求]，1层部分墙体抗震承载力、受压承载力不能满足现行规范要求。为确保结构安全、正常使用，由湖南大兴加固改造工程有限公司对该居民楼1层部分墙体采用了水泥砂浆钢筋网加固处理，水泥砂浆设计强度等级为M35。该居民楼1层平面布置示意图如图5-1所示。

2. 砂浆抗压强度检测

为保证加固层钢纤维水泥砂浆的施工质量，检测单位采用先装拔出法对加固墙体水泥砂浆的抗压强度进行检测。

（1）单个构件检测规定

根据现行中国工程建设协会标准《拔出法检测水泥砂浆和纤维水泥砂浆强度技术规程》CECS 389—2014（以下简称《技术规程》），在采用先装拔出法进行单个构件检测时，应至少设置3个测试点。当最大拔出力或最小拔出力与中间值之差的绝对值大于中间值的15%时，应采用后装拔出法在最小拔出力测点附近再加测2个测点。先装拔出法检测得到的每个加固后墙体水泥砂浆的拔出力见表5-1。

拔出力及砂浆抗压强度换算值汇总表 表5-1

构件位置	测点编号	拔出力（kN）
1层 8～10×B轴 加固墙体	1	12.8
	2	12.2
	3	13.3
1层 C～D×3轴 加固墙体	1	12.9
	2	12.2
	3	12.3
1层 C～D×8轴 加固墙体	1	13.1
	2	12.3
	3	12.5

由表 5-1 可知，每个加固墙体砂浆的最大拔出力和最小拔出力与中间值之差的绝对值均小于中间值的 15％，满足要求，不需要补测。

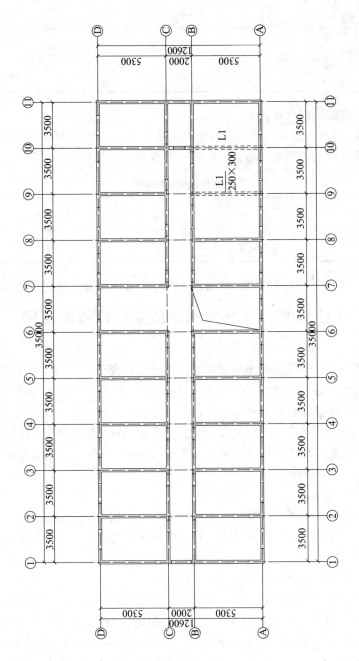

图 5-1 1 层平面布置示意图

（2）水泥砂浆抗压强度换算值

根据《技术规程》7.2.1，以 3 个拔出力的算术平均值作为该构件拔出力，计算精确至 0.1kN。将单个构件的拔出力代入《技术规程》7.1.1-1 式中，求得所检测加固后墙体水泥砂浆抗压强度的换算值，见表 5-2。

砂浆抗压强度换算值计算		表 5-2
构件位置	拔出力平均值(kN)	砂浆抗压强度换算值(MPa)
1层 8～10×B轴 加固墙体	12.8	37.19
1层 C～D×3轴 加固墙体	12.5	35.74
1层 C～D×8轴 加固墙体	12.6	36.55

（3）水泥砂浆抗压强度推定值

根据《技术规程》7.2.2，以水泥砂浆抗压强度的换算值作为单个构件水泥砂浆强度推定值，则所检测的加固后墙体水泥砂浆抗压强度的推定值见表 5-3。

砂浆抗压强度推定值			表 5-3
构件位置	1层 8～10×B轴 加固墙体	1层 C～D×3轴 加固墙体	1层 C～D×8轴 加固墙体
砂浆抗压强度 推定值(MPa)	37.19	35.74	36.55

根据表 5-3 可知，所检测的加固后墙体水泥砂浆抗压强度的推定值满足设计要求。

5.2 先装拔出法检测合成纤维水泥砂浆抗压强度实例

1. 工程概况

某高层住宅楼，为钢筋混凝土框架结构。某设计研究院于 2005 年 11 月对该建筑地下室进行了改造设计，地下室负二层层高为 3.2m，框架柱混凝土强度等级为 C40。由于该地下室负二层部分框架柱箍筋外露，为确保结构安全、正常使用，由湖南大兴加固改造工程有限公司对该高层住宅楼地下室负二层所有出现露筋现象的框架柱采用了合成纤维水泥砂浆钢筋网加固处理，合成纤维水泥砂浆设计强度等级为 M50。地下室负二层框架柱平面布置示意图如图 5-2 所示。

2. 砂浆抗压强度检测

根据检测公司现场检测，该高层住宅楼地下室负二层出现露筋的框架柱位置分布示意图如图 5-3 所示。为保证加固层钢纤维水泥砂浆的施工质量，检测单位采用先装拔出法对加固框架柱合成纤维水泥砂浆的抗压强度进行检测。

（1）同批构件抽样检测

根据现行中国工程建设协会标准《拔出法检测水泥砂浆和纤维水泥砂强度技术规程》CECS 389—2014（以下简称《技术规程》），在采用先装拔出法进行抽样检测时，应进行随机抽样，且抽检构件最小数量应符合表 5-4 的规定。根据表 5-4，抽检构件最小数量为 8个。该高层住宅楼地下室负二层合成纤维水泥砂浆钢筋网加固框架柱为同批构件，所以每个框架柱的测试点数为 1 个。

随机抽测构件最小数量				表 5-4
同一检测批构件总数	15～25	26～50	51～90	91～150	151～280
抽测构件最小数量	5	8	13	20	32

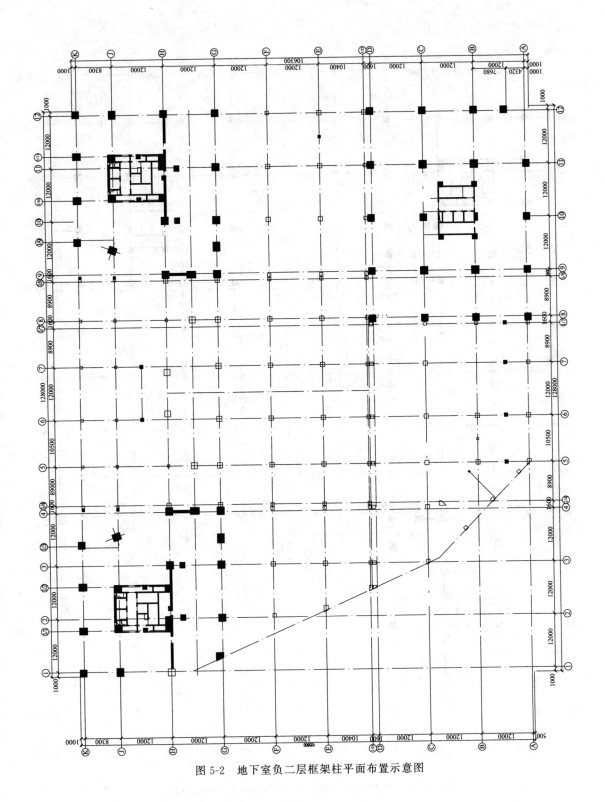

图 5-2　地下室负二层框架柱平面布置示意图

（2）合成纤维水泥砂浆抗压强度换算值

在检测合成纤维水泥砂浆强度时，先采用先装拔出法检测得到每个加固后框架柱合成

117

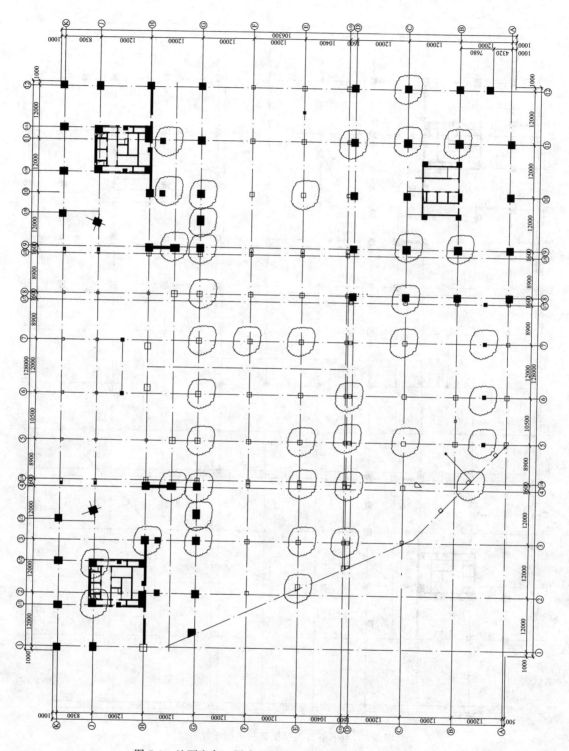

图 5-3　地下室负二层出现露筋的框架柱位置分布示意图

纤维水泥砂浆的拔出力，然后将拔出力代入《技术规程》7.1.1-3 式中，分别求得每个加固后框架柱合成纤维水泥砂浆抗压强度的换算值，见表 5-5。

118

构件位置	拔出力（kN）	砂浆抗压强度换算值（MPa）
3×G 轴柱	13.9	55.28
4×E 轴柱	13.5	53.22
5×G 轴柱	14.1	56.32
5×E 轴柱	13.8	54.77
6×1/D 轴柱	14.1	56.32
7×E 轴柱	14.0	55.80
7×F 轴柱	13.6	53.74
9×G 轴柱	13.8	54.77

（3）合成纤维水泥砂浆强度推定值

根据《技术规程》7.3.3，合成纤维水泥砂浆抗压强度的推定值，可按下列公式计算：

$$f_{m,e} = m_{m,c} - 1.75 s_{m,c} \tag{5-1}$$

$$m_{m,c} = \frac{1}{n} \sum_{i=1}^{n} f_{m,i} \tag{5-2}$$

$$s_{m,c} = \sqrt{\frac{\sum_{i=1}^{n} (f_{m,i} - m_{m,c})^2}{n-1}} \tag{5-3}$$

式中　$s_{m,c}$——检验批中构件砂浆强度换算值的标准差（MPa），精确至 0.01MPa；

n——检验批中所抽检构件的测点总数；

$f_{m,i}$——第 i 个测点砂浆强度换算值（MPa）；

$m_{m,c}$——检验批中构件砂浆强度换算值的平均值（MPa），精确至 0.01MPa。

则合成纤维水泥砂浆抗压强度的推定值计算见表 5-6。

合成纤维水泥砂浆抗压强度推定值计算　　　　表 5-6

砂浆强度换算值的平均值（MPa）	砂浆强度换算值的标准差（MPa）	砂浆强度的推定值（MPa）
55.03	1.14	53.04

由表 5-6 可知，合成纤维水泥砂浆抗压强度换算值的平均值大于 30MPa 且不大于 60MPa，标准差小于 5.0MPa，则根据《技术规程》的相关规定，可以不用全部按单个构件进行检测。

综上所述，用先装拔出法检测的钢纤维水泥砂浆的抗压强度推定值为 53.04MPa，满足设计的要求。

5.3　先装拔出法检测钢纤维水泥砂浆抗压强度实例

1. 工程概况

某高层住宅楼于 2014 年开工建设，结构形式为剪力墙结构。该高层住宅楼平面基本形状为矩形，总长度约为 54.65m，总宽度 22.0m，建成后建筑物地上 32 层，地下 1 层，总建筑面积约为 23425.92m²。因该高层住宅楼 1 层部分剪力墙的混凝土强度不满足原设计要求，为保证房屋的正常及安全使用，由湖南大兴加固改造工程有限公司对该高层住宅楼的 1 层剪力墙进行了钢纤维水泥砂浆钢筋网加固处理。该高层住宅楼 1 层剪力墙混凝土设计强度等级为 C50，加固用钢纤维水泥砂浆设计强度等级为 M60。该高层住宅楼 1 层结构平面布置示意图如图 5-4 所示。

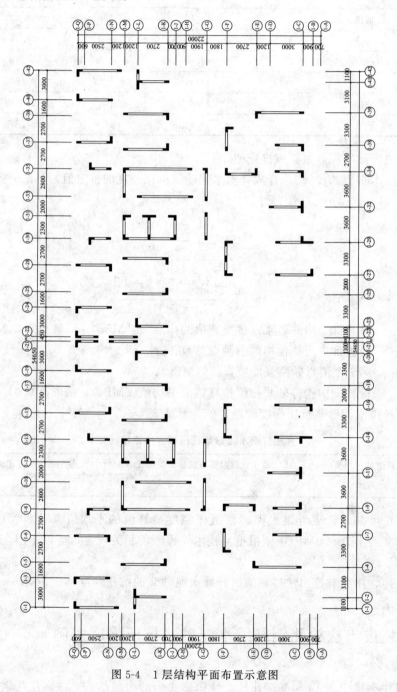

图 5-4　1 层结构平面布置示意图

2. 砂浆抗压强度检测

为保证加固层钢纤维水泥砂浆的施工质量，检测单位采用先装拔出法对加固剪力墙钢纤维水泥砂浆的抗压强度进行检测。

（1）同批构件抽样检测

根据现行中国工程建设协会标准《拔出法检测水泥砂浆和纤维水泥砂强度技术规程》CECS 389—2014（以下简称《技术规程》），在采用先装拔出法进行抽样检测时，应进行随机抽样，且抽检构件最小数量应符合表 5-7 的规定。根据表 5-7，抽检构件最小数量为 13 个。该高层住宅楼 1 层钢纤维水泥砂浆钢筋网加固剪力墙为同批构件，所以每个剪力墙的测试点数为 1 个。

随机抽测构件最小数量　　　　　　　　　　表 5-7

同一检测批构件总数	15～25	26～50	51～90	91～150	151～280
抽测构件最小数量	5	8	13	20	32

（2）钢纤维水泥砂浆抗压强度换算值

在检测钢纤维水泥砂浆强度时，先采用先装拔出法检测得到每个加固后剪力墙钢纤维水泥砂浆的拔出力，然后将拔出力代入《技术规程》7.1.1-5 式中，分别求得每个剪力墙钢纤维水泥砂浆抗压强度的换算值，见表 5-8。

拔出力及砂浆抗压强度换算值汇总表　　　　表 5-8

构件位置	拔出力（kN）	砂浆抗压强度换算值（MPa）
1 层 1-10×1-H～1-L 剪力墙	19.8	65.28
1 层 1-B～1-D×1-29 剪力墙	18.9	62.13
1 层 1-D～1-C×1-7 剪力墙	19.6	64.58
1 层 1-M～1-J×1-13 剪力墙	18.9	62.13
1 层 1-27×1-B～1-D 剪力墙	19.4	63.88
1 层 1-33×1-H～1-M 剪力墙	18.9	62.13
1 层 1-14～1-16×1-F 剪力墙	19.5	64.23
1 层 1-28×1-N～1-Q 剪力墙	19.8	65.28
1 层 1-37×1-N～1-P 剪力墙	19.3	63.53
1 层 1-40×1-N～1-Q 剪力墙	19.5	64.23
1 层 1-35×1-N～1-P 剪力墙	19.8	65.28
1 层 1-M～1-K×1/1-18 剪力墙	19.3	63.53
1 层 1/1-28×1-K～1-M 剪力墙	19.3	63.53

（3）钢纤维水泥砂浆强度推定值

根据《技术规程》7.3.3，钢纤维水泥砂浆抗压强度的推定值，可按下列公式计算：

$$f_{m,e} = m_{m,c} - 1.75 s_{m,c} \tag{5-4}$$

$$m_{m,c} = \frac{1}{n} \sum_{i=1}^{n} f_{m,i} \tag{5-5}$$

$$s_{m,c} = \sqrt{\frac{\sum_{i=1}^{n} (f_{m,i} - m_{m,c})^2}{n-1}} \tag{5-6}$$

式中：$s_{m,c}$——检验批中构件砂浆强度换算值的标准差（MPa），精确至 0.01MPa；

n——检验批中所抽检构件的测点总数；

$f_{m,ci}$——第 i 个测点砂浆强度换算值（MPa）；

$m_{m,c}$——检验批中构件砂浆强度换算值的平均值（MPa），精确至 0.01MPa。

则钢纤维水泥砂浆抗压强度的推定值计算见表 5-9。

钢纤维水泥砂浆抗压强度推定值计算　　　　　　　　　表 5-9

砂浆强度换算值的 平均值（MPa）	砂浆强度换算值的 标准差（MPa）	砂浆强度的 推定值（MPa）
63.83	1.16	61.80

由表 5-9 可知，钢纤维水泥砂浆抗压强度换算值的平均值大于 60MPa，标准差小于 6.0MPa，则根据《技术规程》的相关规定，可以不用全部按单个构件进行检测。

综上所述，用先装拔出法检测的钢纤维水泥砂浆的抗压强度推定值为 61.80MPa，满足设计的要求。

5.4　后装拔出法检测水泥砂浆抗压强度实例

1. 工程概况

某单层厂房，建成于 20 世纪 70 年代，结构形式为砌体结构。房屋形状大致为矩形，轴线总长 80.60m，轴线总宽 16.90m。房屋墙体为 240mm 眠墙，墙和柱均采用烧结普通黏土砖砌筑。现因厂房部分砖柱产生裂缝，需要对其进行加固处理。由检测单位提供的报告可知，该房屋砌体墙的砌筑砖强度推定值为 10.0MPa，砌筑砂浆强度低于 3.0MPa。为确保结构安全、正常使用，由湖南大兴加固改造工程有限公司对该单层厂房部分砖柱采用了水泥砂浆钢筋网加固处理，水泥砂浆设计强度等级为 M35。该单层厂房平面布置示意图如图 5-5 所示（图中 F×12 轴柱、F×14 轴柱为被加固柱体）。

2. 砂浆抗压强度检测

为保证加固层水泥砂浆的施工质量，检测单位采用后装拔出法对加固柱体水泥砂浆的抗压强度进行检测。

（1）单个构件检测规定

根据现行中国工程建设协会标准《拔出法检测水泥砂浆和纤维水泥砂强度技术规程》CECS 389—2014（以下简称《技术规程》），在采用后装拔出法进行单个构件检测时，应至少设置 3 个测试点。当最大拔出力或最小拔出力与中间值之差的绝对值大于中间值的 15％时，应在最小拔出力测点附近再加测 2 个测点。后装拔出法检测得到的每个加固后柱体水泥砂浆的拔出力见表 5-10。

拔出力及砂浆抗压强度换算值汇总表　　　　　　　　　表 5-10

构件位置	测点编号	拔出力（kN）
F×12 轴 加固柱体	1	11.7
	2	11.4
	3	11.6
F×14 轴 加固柱体	1	12.1
	2	11.6
	3	11.3

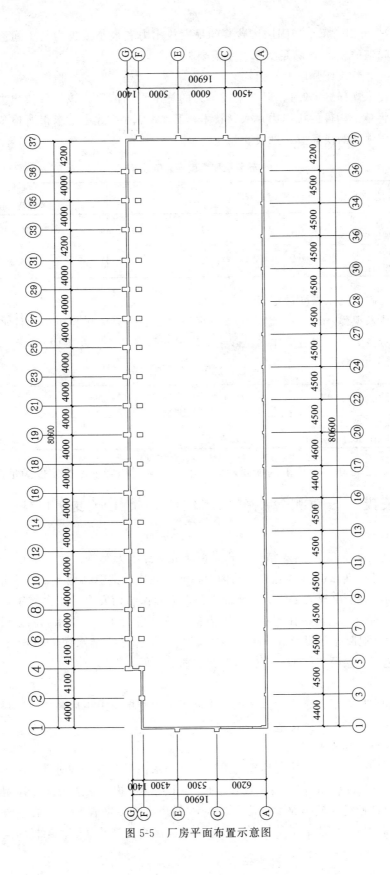

图 5-5　厂房平面布置示意图

由表 5-10 可知，每个加固墙体砂浆的最大拔出力和最小拔出力与中间值之差的绝对值均小于中间值的 15%，满足要求，不需要补测。

（2）水泥砂浆抗压强度换算值

根据《技术规程》7.2.1，以 3 个拔出力的算术平均值作为该构件拔出力，计算精确至 0.1kN。将单个构件的拔出力代入《技术规程》7.1.1-2 式中，求得所检测加固后墙体水泥砂浆抗压强度的换算值，见表 5-11。

砂浆抗压强度换算值计算　　　　　　　　　　　　　　表 5-11

构件位置	拔出力平均值 （kN）	砂浆抗压强度 换算值（MPa）
F×12 轴 加固柱体	11.6	36.49
F×14 轴 加固柱体	11.7	36.98

（3）水泥砂浆抗压强度推定值

根据《技术规程》7.2.2，以水泥砂浆抗压强度的换算值作为单个构件水泥砂浆强度推定值，则所检测的加固后墙体水泥砂浆抗压强度的推定值见表 5-12。

砂浆抗压强度推定值　　　　　　　　　　　　　　　　表 5-12

构件位置	F×12 轴 加固柱体	F×14 轴 加固柱体
砂浆抗压强度 推定值（MPa）	36.49	36.98

根据表 5-12 可知，所检测的加固后墙体水泥砂浆抗压强度的推定值满足设计要求。

5.5　后装拔出法检测合成纤维水泥砂浆抗压强度实例 1

1. 工程概况

某住宅楼，建于 2011 年，结构形式为钢筋混凝土框架结构。该住宅楼平面基本形状为矩形，总长度约为 26.5m，总宽度约为 15.9m，建成后共包括地上 8 层。由于该住宅楼 2 层框架柱的混凝土出现大量蜂窝、麻面现象，为确保结构安全、正常使用，由湖南大兴加固改造工程有限公司对该住宅楼二层所有框架柱采用了合成纤维水泥砂浆钢筋网加固处理。2 层框架柱混凝土设计强度等级为 C40，加固用合成纤维水泥砂浆设计强度等级为 M50。该住宅楼 2 层框架柱平面布置示意图如图 5-6 所示。

2. 砂浆抗压强度检测

为保证加固层合成纤维水泥砂浆的施工质量，检测单位采用后装拔出法对加固框架柱合成纤维水泥砂浆的抗压强度进行检测。

（1）同批构件抽样检测

根据现行中国工程建设协会标准《拔出法检测水泥砂浆和纤维水泥砂强度技术规程》CECS 389—2014（以下简称《技术规程》），在采用后装拔出法进行抽样检测时，应进行随机抽样，且抽检构件最小数量应符合表 5-13 的规定。根据表 5-13，抽检构件最小数量为 8 个。该高层住宅楼地下室负 2 层合成纤维水泥砂浆钢筋网加固框架柱为同批构件，所以每个框架柱的测试点数为 1 个。

随机抽测构件最小数量 表 5-13

同一检测批构件总数	15～25	26～50	51～90	91～150	151～280
抽测构件最小数量	5	8	13	20	32

（2）合成纤维水泥砂浆抗压强度换算值

在检测合成纤维水泥砂浆强度时，先采用后装拔出法检测得到每个加固后框架柱合成纤维水泥砂浆的拔出力，然后将拔出力代入《技术规程》7.1.1-4 式中，分别求得每个加固后框架柱合成纤维水泥砂浆抗压强度的换算值，见表 5-14。

拔出力及砂浆抗压强度换算值汇总表 表 5-14

构件位置	拔出力（kN）	砂浆抗压强度换算值（MPa）
2 层 2×N 轴柱	14.8	53.44
2 层 1×J 轴柱	14.6	52.26
4×C 轴柱	14.7	52.78
8×L 轴柱	14.7	52.95
6×C 轴柱	14.9	54.13
12×L 轴柱	14.9	53.74
21×M 轴柱	14.8	53.29
18×N 轴柱	14.7	52.98

（3）合成纤维水泥砂浆强度推定值

根据《技术规程》7.3.3，合成纤维水泥砂浆抗压强度的推定值，可按下列公式计算：

$$f_{m,e} = m_{m,c} - 1.75 s_{m,c} \tag{5-7}$$

$$m_{m,c} = \frac{1}{n} \sum_{i=1}^{n} f_{m,i} \tag{5-8}$$

$$s_{m,c} = \sqrt{\frac{\sum_{i=1}^{n} (f_{m,i} - m_{m,c})^2}{n-1}} \tag{5-9}$$

式中：$s_{m,c}$——检验批中构件砂浆强度换算值的标准差（MPa），精确至 0.01MPa；

n——检验批中所抽检构件的测点总数；

$f_{m,i}$——第 i 个测点砂浆强度换算值（MPa）；

$m_{m,c}$——检验批中构件砂浆强度换算值的平均值（MPa），精确至 0.01MPa。

则合成纤维水泥砂浆抗压强度的推定值计算见表 5-15。

合成纤维水泥砂浆抗压强度推定值计算 表 5-15

砂浆强度换算值的 平均值（MPa）	砂浆强度换算值的 标准差（MPa）	砂浆强度的 推定值（MPa）
53.20	0.55	52.24

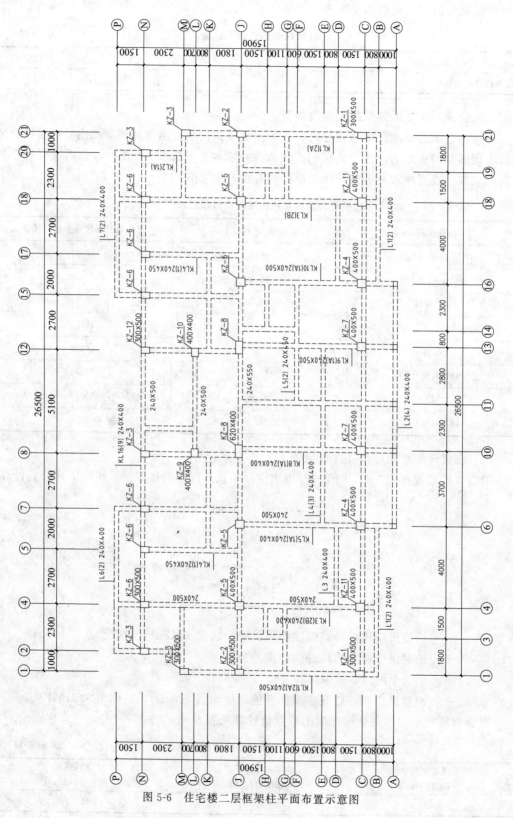

图 5-6　住宅楼二层框架柱平面布置示意图

126

由表 5-15 可知，合成纤维水泥砂浆抗压强度换算值的平均值大于 30MPa 且不大于 60MPa，标准差小于 5.0MPa，则根据《技术规程》的相关规定，可以不用全部按单个构件进行检测。

综上所述，用后装拔出法检测的钢纤维水泥砂浆的抗压强度推定值为 52.24MPa，满足设计的要求。

5.6 后装拔出法检测合成纤维水泥砂浆抗压强度实例 2

1. 工程概况

某综合楼于 2005 年建成并投入使用，该楼为 7 层框混结构，总建筑面积约为 10950.87m²，采用毛石基础及独立基础，基础等级为乙级，墙体均采用空心砌块砌筑，建筑等级为二级，设计基准期为 50 年。因房屋发生火灾，造成房屋部分主要承重构件受损，根据某建筑工业设计有限公司设计文件，由湖南大兴加固改造工程有限公司对受损构件进行了水泥纤维砂浆钢筋网加固处理。1 层结构平面布置示意图如图 5-7 所示。

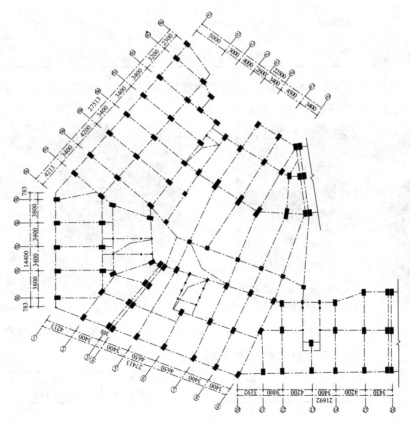

图 5-7　该房屋 1 层结构平面布置图

2. 砂浆强度检测

为保证加固层聚丙烯纤维水泥砂浆的施工质量，检测单位对所用砂浆进行试块预留抗压试验，并在养护期过后进行了后装拔出法的现场检测验证。现场对房屋 1～2 层加固柱进行了随机抽检。柱子加固方案设计及检测结果见表 5-16。

柱子加固方案设计及检测结果

表 5-16

构件名称及位置	纵向钢筋设计值	纵向钢筋实测值	箍筋设计值	箍筋实测值	砂浆强度设计等级
1 层 A2×B12 轴加固柱	Φ8@100	Φ8@105-110	Φ8@100	Φ8@100-105	M35
1 层 A2×B10 轴加固柱	Φ8@100	Φ8@100-110	Φ8@100	Φ8@95-100	M35
1 层 B10×A6 轴加固柱	Φ8@100	Φ8@95-105	Φ8@100	Φ8@100-110	M35
1 层 A8×B10 轴加固柱	Φ8@100	Φ8@90-100	Φ8@100	Φ8@90-100	M35
1 层 A8×B12 轴加固柱	Φ8@100	Φ8@100-110	Φ8@100	Φ8@90-105	M35
2 层 A2×B9 轴加固柱	Φ8@100	Φ8@100-105	Φ8@100	Φ8@100-110	M35
2 层 A2×B11 轴加固柱	Φ8@100	Φ8@95-105	Φ8@100	Φ8@105-110	M35
2 层 B10×A6 轴加固柱	Φ8@100	Φ8@105-110	Φ8@100	Φ8@90-95	M35
2 层 A7×B12 轴加固柱	Φ8@100	Φ8@90-100	Φ8@100	Φ8@100-110	M35
2 层 8×B10 轴加固柱	Φ8@100	Φ8@95-105	Φ8@100	Φ8@95-105	M35

1~2 层柱用聚丙烯纤维水泥砂浆加固后的抗压强度检测结果见表 5-17。现场加固情况如图 5-8 所示。砂浆强度现场检测如图 5-9 所示。

图 5-8　现场加固情况

图 5-9　砂浆强度现场检测

加固柱砂浆抗压强度检测结果汇总表

表 5-17

构件位置	测点编号	拔出力（kN）	抗压强度推定（MPa）	抗压强度平均值（MPa）	立方体试块抗压强度（MPa）	相对误差（%）
1 层 A8×B10 轴加固柱	1	13.6	36.4	36.1	38.7	7.20
	2	13.5	36.2			
	3	13.3	35.8			
1 层 A2×B12 轴加固柱	1	12.5	34.5	34.5	36.3	5.22
	2	12.7	34.8			
	3	12.4	34.3			

构件位置	测点编号	拔出力(kN)	抗压强度推定(MPa)	抗压强度平均值(MPa)	立方体试块抗压强度(MPa)	相对误差(%)
1层 A2×B11 轴加固柱	1	11.9	33.4	33.9	31.7	-6.49
	2	12.4	34.3			
	3	12.2	33.9			
2层 A7×B12 轴加固柱	1	12.3	34.1	34.6	36.1	4.34
	2	12.8	35.0			
	3	12.6	34.6			
2层 A8×B12 轴加固柱	1	12.0	33.6	33.6	35.9	6.85
	2	11.8	33.3			
	3	12.1	33.8			
2层 A6×B10 轴加固柱	1	12.2	33.9	33.9	31.7	-7.08
	2	12.4	34.3			
	3	11.9	33.4			

由上表可以计算得出，拉拔法换算值与立方体试块的推定值之间的相对误差的平均值为±6.20%。可以计算得到相对标准差计算值为：

$$e_r = \sqrt{\dfrac{\sum\limits_{i=1}^{n}(f_{m,cui}/f_{2,ei}^m - 1)^2}{n-1}} \times 100\% = 6.28\%$$

由上表可以计算得出拉拔法换算值与立方体试块的推定值之间的相对误差的平均值为±6.20%。计算得出的相对标准差计算值为±3.40%和3.92%，主要原因应该是现场的养护条件与试验条件存在差异。但是相对标准差数值仍然远小于规范的允许值12%。

5.7 后装拔出法检测钢纤维水泥砂浆抗压强度实例

1. 工程概况

某高层住宅建于2014年，结构形式为剪力墙结构。该房屋平面基本形状为矩形，总长度约为36.5m，总宽度19.8m，建成后地上38层，地下2层。因该房屋进行2层主体结构混凝土浇筑时发现部分剪力墙顶部有浮浆现象，为保证房屋的正常及安全使用，由湖南大兴加固改造工程有限公司对该高层住宅楼的2层剪力墙进行了钢纤维水泥砂浆钢筋网加固处理。该高层住宅楼剪力墙混凝土设计强度等级为C50，加固用钢纤维水泥砂浆设计强度等级为M60。该住宅楼2层剪力墙布置情况如图5-10所示。

2. 砂浆抗压强度检测

为保证加固层钢纤维水泥砂浆的施工质量，检测单位采用后装拔出法对加固剪力墙钢纤维水泥砂浆的抗压强度进行检测。

（1）同批构件抽样检测

为保证加固层钢纤维水泥砂浆的施工质量，检测单位采用后装拔出法对加固剪力墙钢纤维水泥砂浆的抗压强度进行检测。根据现行中国工程建设协会标准《拔出法检测水泥砂浆和纤维水泥砂强度技术规程》CECS 389—2014（以下简称《技术规程》），在采用后装拔出法进行抽样检测时，应进行随机抽样，且抽检构件最小数量应符合表5-18的规定。

根据表5-18，抽检构件最小数量为8个。该高层住宅楼2层剪力墙为同批构件，所以每个剪力墙的测试点数为1个。

随机抽测构件最小数量 表 5-18

同一检测批构件总数	15～25	26～50	51～90	91～150	151～280
抽测构件最小数量	5	8	13	20	32

（2）钢纤维水泥砂浆抗压强度换算值

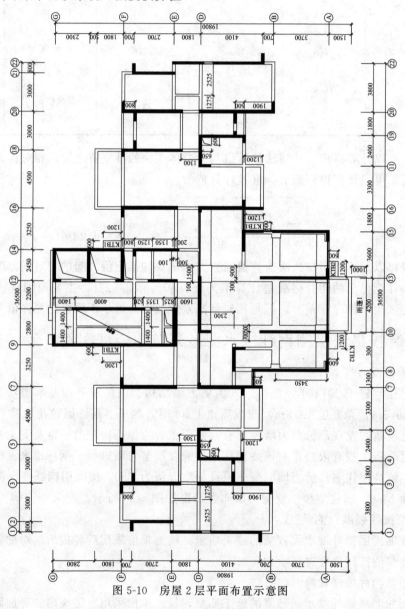

图 5-10 房屋 2 层平面布置示意图

在检测钢纤维水泥砂浆强度时，先采用后装拔出法检测得到每个剪力墙水泥砂浆的拔出力，然后将拔出力代入《技术规程》7.1.1－6式中，分别求得每个剪力墙钢纤维水泥砂浆抗压强度的换算值，见表5-19。

130

构件位置	拔出力(kN)	砂浆抗压强度换算值(MPa)
2 层 11×G～E 轴剪力墙	19.0	63.64
2 层 3×E～F 轴剪力墙	19.1	64.13
2 层 5×E～F 轴剪力墙	18.7	62.37
2 层 3×B～D 轴剪力墙	18.6	61.82
2 层 7×E～F 轴剪力墙	19.1	64.32
2 层 7×B～D 轴剪力墙	19.0	63.77
2 层 2×E～F 轴剪力墙	19.4	65.26
2 层 G×12～14 轴剪力墙	18.9	63.46

（3）钢纤维水泥砂浆强度推定值

根据《技术规程》7.3.2，钢纤维水泥砂浆抗压强度的推定值 $f_{m,e}$，可按下列公式计算：

$$f_{m,e} = m_{m,c} - 1.75 s_{m,c} \tag{5-10}$$

$$m_{m,c} = \frac{1}{n} \sum_{i=1}^{n} f_{m,i} \tag{5-11}$$

$$s_{m,c} = \sqrt{\frac{\sum_{i=1}^{n} (f_{m,i} - m_{m,c})^2}{n-1}} \tag{5-12}$$

式中　$s_{m,c}$——检验批中构件水泥砂浆强度换算值的标准差（MPa），精确至 0.01MPa；

n——检验批中所抽检构件的测点总数；

$f_{m,i}$——第 i 个测点水泥砂浆强度换算值（MPa）；

$m_{m,c}$——检验批中构件水泥砂浆强度换算值的平均值（MPa），精确至 0.01MPa。

则钢纤维水泥砂浆抗压强度的推定值 $f_{m,e}$ 计算见表 5-20。

钢纤维水泥砂浆抗压强度推定值计算　　　　　　表 5-20

砂浆强度换算值的 平均值 $m_{m,c}$(MPa)	砂浆强度换算值的 标准差 $s_{m,c}$(MPa)	砂浆强度的 推定值 $f_{m,e}$(MPa)
63.60	1.02	61.82

由表 5-20 可知，钢纤维水泥砂浆抗压强度换算值的平均值大于 60MPa，标准差小于 6.0MPa，则根据《技术规程》的相关规定，可以不用全部按单个构件进行检测。

综上所述，用后装拔出法检测的钢纤维水泥砂浆的抗压强度推定值为 61.82MPa，满足设计的要求。